정리 못하는
사람을 위한
정리책

\ 싹 홀가분하게 /

정리 못하는 사람을 위한 정리책

와타나베 아야 지음

즐거운상상
Discover

시작하며

물건을 정리하면
감정, 시간, 인간관계도 정리된다

정리 강의를 하고 나면, 50명 중 한 명 정도가 정리 방법은 이미 알고 있지만 정리하기가 너무 어렵다는 고민을 호소합니다. 인터넷을 검색하면 자잘한 정리 테크닉이 수없이 많지요. 하지만 정리를 고민하는 사람일수록 정보는 열심히 모으지만 좀처럼 행동으로 옮기지 못합니다. 그러면서 점점 '나는 왜 정리를 못하는 걸까?'라는 고민만 깊어져갑니다. 도대체 왜 그럴까요?

일반적으로 자잘한 정리 수납 테크닉의 다수는 대부분 정리를 잘하는 사람이 소개하는 것입니다. 그중 나에게 맞는 것만 골라서 실행할 수 있으면 좋겠지만 정리가 서툰 사람에게는 말처럼 간단한 일이 아닙니다. 오히려 나는 이 사람처럼 '못한다'는 것이 속상해서 자포자기해버리거나 자기 혐오에 빠져버리는 경우도 있습니다.

저는 정리에 대한 강의를 많이 하는데요. 제 강연에서 우선 정리란 단순한 물건의 정리도, 아름답게 수납하는 것도 아닌 '인생을 보다 나아지게 하는 기술'이라는 것을 말씀드립니다. 그리고 '누구라도 할 수 있는 정리', '편하게 살고 싶은 분을 위한 정리'와 같은 테마로 강의를 해서 많은 호응을 얻었습니다. 이제껏 좌절을 맛보던 분들도 즐겁게 도전하고 있습니다. 이 책에서는 정리가 서툰 사람에게 맞는 요령을 소개합니다.

제 강의 내용을 소개한 잡지를 판매했었는데 반응이 너무 좋아서 놀랐습니다. 전국에 계신 '정리 때문에 고민이 많은' 분들이 불쑥 마음이 끌려 구입하신 것 같습니다. '아무리 생각해도 사야겠다 싶어서 다음날 다시 갔더니 품절이었다', '책을 전혀 읽지 않는 사람인데 이 책은 전부 읽었다', '다 알고 있는 내용인 듯 하지만 사실은 몰랐던 것 투성이었다. 적용하면서 조금씩 정리가 가능해졌다'라는 리뷰를 남겨주셨습니다. 솔직히 말해서 이 정도의 반응은 예상하지 못했어요.

이런 여러분의 호평에 힘입어 가지고 다니며 읽기 좋은 사이즈로 내용을 보강한《정리 못하는 사람을 위한 정리책》을 출간하게 되었습니다. 지금까지의 경험을 바탕으로 더 많은 내용을 담아 정리 못하는 사람의 마음을 움직일 수 있도록 만들었습니다. 곁에 두고 생각날 때마다 넘겨보시면 좋겠습니다.

돌돌 말린 머리가 귀여운 일러스트는 당신의 분신입니다. 읽고 싶은 부분부터 읽어가다가 마음에 와 닿는 것부터 실천해보세요. 모든 것을 한꺼번에 다 실행할 필요는 없습니다. 일단 마음 편하게 시작해보세요.

정리정돈은 인생의 목적이 아닙니다. 하지만 물건을 정리하면 시간과 인간관계도 정리됩니다. 정리는 여러 가지 고민을 해결해주고 인생에 여유를 선물합니다. 이 책이 당신의 '정리 고민'을 해결해서 소중한 것과 좋아하는 것에 집중하면서 빛나는 인생을 살 수 있도록 돕는 계기가 된다면 참으로 행복할 것 같습니다.

와타나베 아야

이 책의 포인트

당신의 집, 당신의 감정, 당신의 시간, 당신의 인간관계를
정리할 기준을 만드세요.

제1장

정리의 진정한 의미를 안다

- ☐ 정리는 '기분 좋아지는 공간을 만드는 것'
- ☐ 가장 먼저 버려야 하는 것은 '버릴 때의 죄책감'
- ☐ 물건을 중요하게 생각하는 것은 과거를 중요하게 생각한다는 것

제2장

정리에 성공하는 사고 방식으로 바꾼다

- ☐ 정리로 자기 효능감을 향상시킬 수 있다
- ☐ 필요, 불필요, 임시보관 - '3의 법칙'으로 판단하면 빠르다
- ☐ 자신의 진짜 마음과 직면해야 정리할 수 있다

제3장

홀가분함을 유지하는 비결

- ☐ 매일 해야하는 정리와 청소는 세트로 한다
- ☐ 무리하지 않고 할 수 있는 루틴이 중요
- ☐ 소유물의 수를 제한한다

정리 못하는 사람을 위한 정리책

제4장

물건으로부터 홀가분해진다

☐ 물건을 줄이면 자신의 취향을 알게 된다
☐ 가장 먼저 정리할 곳은 집 주위, 현관, 복도
☐ 정리해서 새로 생긴 공간에 나의 공간을 만든다

제5장

시간과 인간관계로부터 홀가분해진다

☐ 업무나 가사 시간을 효율화하고 여백 시간을 충실하게 쓴다
☐ 업무와 개인 시간의 그레이존은 업무에 포함시킨다
☐ 정리는 가족간 커뮤니케이션의 계기가 된다

제6장

정리는 곧 자기계발이다

☐ 정리 스킬을 키우면 자기 돌봄 능력이 좋아진다
☐ 좋아하는 것을 선택해서 나답게 산다
☐ 정리는 자신을 좋아하게 되는 여행

contents

제2장

정리에 성공하는 사고방식으로 바꾼다

제3장

홀가분함을 유지하는 비결

제4장

물건으로부터 홀가분해진다

제5장

시간과 인간관계로부터 홀가분해진다

제6장

정리는 곧 자기 계발이다

정리 습관 진단 테스트 ①

‘모아두는 습관’ 원인 체크

정리를 못하는 대부분의 원인은 ‘생각하는 습관’ 때문입니다.
체크 시트로 진단해보세요.

해당하는 것에 체크하세요.

- ☐ 1. 가게에서 받은 쇼핑백을 ‘20개 이상’ 갖고 있다.
- ☐ 2. 비닐 봉지를 ‘20개 이상’ 갖고 있다.
- ☐ 3. 화장품 샘플이나 어메니티 용품을 ‘5개 이상’ 갖고 있다.
- ☐ 4. 포장지를 ‘5장 이상’ 갖고 있다.
- ☐ 5. 신지 않는 신발을 ‘5켤레 이상’ 갖고 있다.
- ☐ 6. 뚜껑과 본체가 맞지 않는 보관용기를 ‘3개 이상’ 갖고 있다.
- ☐ 7. 타지 않는 자전거를 ‘1대 이상’ 갖고 있다.
- ☐ 8. 시든 화분을 ‘1개 이상’ 그냥 두었다.
- ☐ 9. 기한이 지난 쇼핑 정보 잡지가 ‘1권 이상’ 집안 어딘가에 있다.
- ☐ 10. ‘살 빠지면 입자’라고 생각하며 갖고 있는 옷이 있다.
- ☐ 11. ‘언젠가 쓸지도 몰라’라고 갖고 있는 물건이 있다.
- ☐ 12. ‘아직 쓸 수 있으니까’라고 생각하며 갖고 있는 물건이 있다.
- ☐ 13. ‘비싸게 산 것이니까’라고 갖고 있는 물건이 있다.
- ☐ 14. ‘선물 받은 물건인데 어쩌나’하며 갖고 있는 물건이 있다.
- ☐ 15. 세제와 샴푸 재고가 ‘2개 이상’ 있다.
- ☐ 16. ‘한정 상품’, ‘덤’이라는 말을 들으면 자기도 모르게 사버릴 때가 있다.
- ☐ 17. 인터넷 쇼핑을 할 때 얼마를 더 사면 무료배송이라 맞춰서 산 적이 있다.
- ☐ 18. 세일할 때 뭔가를 구입하지 않으면 손해를 보는 기분이 든다.

진단 테스트 결과

왼쪽의 진단 테스트에 체크해보세요.
그 후 아래를 참고해서 진단 결과를 점검해 보세요.

1~9번에 체크했다면

버리는 것에 대한 죄책감을 버리세요

1~9의 물건은 어느 것이나 고민할 필요가 없는 물건. 언제라도 가질 수 있는 불필요한 물건뿐입니다. 물건을 처분하는 것에 대한 죄책감의 방향을 정반대로 돌릴 필요가 있습니다. 아무리 노력해도 처분하기 어렵다면 재활용센터나 누군가에게 물려주는 방법도 생각해보세요. 쓰지 않는 물건을 쌓아두면서 그 공간에 내고 있는 물건의 집세까지 계산해보세요.

10~13번에 체크했다면

버리지 않을 수 있는, 정리하지 않는 이유를 위한 '변명 찾기'를 멈추세요

정리하기는커녕 '버리지 않을 이유 찾기', '정리하지 않아도 되는 이유 찾기'를 하고 있습니다. '없어도 되는 이유 찾기'를 하도록 사고 방식을 바꾸는 것이 필요합니다.

14번에 체크했다면

선물 받은 물건에 대한 '생각'을 버리세요

선물 받은 물건은 보내는 사람이 감사의 마음을 물건으로 표현한 것입니다. 받은 사람이 '고마워'라고 했다면 그 물건의 역할은 끝난 것이지요. 쓰지 않는데도 그냥 남겨두는 것은 역할이 끝난 물건을 갖고 있는 것이지요.

15~18번에 체크했다면

너무 많이 사는 '습관'을 버리세요

눈앞에 보이는 싼 가격표에 정신을 빼앗겨서 소모품 재고가 많아서 정리하는데 시간이 걸리는 사람입니다. 리필 샴푸와 세제 등을 필요 이상으로 많이 사는 것이지요. 재고는 1개만 있으면 충분. 너무 많이 사지 않으려고 주의하는 것만으로도 물건이 덜 쌓입니다.

정리 습관 진단 테스트 ②

정리에 대한 목표 체크

정리 능력과 소질이 있는데 '처음부터 너무 잘 정리하려고 하니 오히려 제대로 못하겠다' 라는 사람도 적지 않습니다. 체크리스트로 진단해보세요.

해당하는 것에 체크하세요.

- ☐ 1. 한꺼번에 정리하려고 하다가 도중에 그만두는 경우가 많다.
- ☐ 2. 일단 정리를 시작하면 저녁까지 걸린다.
- ☐ 3. 식탁에 물건이 하나둘 쌓여 너저분해지면 부글부글한다.
- ☐ 4. 거실에는 소파와 테이블이 있어야한다고 생각한다.
- ☐ 5. 유행하는 옷과 가구, 신제품은 가능한 사고 싶다.
- ☐ 6. 언젠가 따고 싶은 자격증 준비 도서를 몇 년이나 갖고 있다.
- ☐ 7. 정리와 집안일 그리고 직업이 있다면 그 일까지 다 잘해야한다고 생각한다.
- ☐ 8. 집안의 컬러를 통일하지 않으면 깔끔하지 않다고 생각한다.
- ☐ 9. 다소 과한 디자인이라도 고가의 브랜드 물건을 좋아한다.
- ☐ 10. 집에 초대하고 싶은 사람이 있지만 정리되지 않아서 불가능하다고 생각한다.

진단 테스트 결과

우선 왼쪽의 진단 테스트를 해보세요.
그 후, 아래를 참고해서 진단 결과를 점검해 보세요.

1~2개였다면

우등생 타입

당신의 정리 감각은 이상적입니다. 자신의 페이스를 유지하세요.

3~4개였다면

차근차근 정리하면 좋을 타입

처음부터 완벽하게 정리하려고 하지 마세요. 자연스럽게 정리를 시작해보세요. 가까이에 있는 작은 행복과 편리에 포인트를 두고 집을 정리해가다보면 편안한 생활을 할 수 있게 되고 정리 속도도 빨라질 거예요.

5~8개였다면

꽤 높은 목표를 설정하는 타입

당신은 생각보다 까다롭습니다. '역시 옷은 이 브랜드', '거실은 이래야만 해', '정리를 하려면 완벽하게 끝내지 않으면 안 돼'라는 엄격한 시선으로 자신을 보고 있기 때문에 때로는 스스로 목을 조르는 것 같은 느낌을 받을 때도 있을 것입니다. 목표를 조금 낮춰서 시작해보세요.

9~10개였다면

완벽한 이상을 꿈꾸는 타입

당신은 정리에 대한 이상이 '너무' 높습니다. 목표가 너무 높아서 이상에 도달할 수 없기 때문에 짜증도 많습니다. 정리뿐만 아니라 생활의 모든 것에 완벽을 원하고 있는지도 모릅니다. 정리를 시작하면 잘 할 수 있는 타입이므로 우선은 '완벽하게 정리해야만 한다'라는 생각에서 자유로워지세요.

제1장

정리의 진정한 의미를 안다

TIPS 7

정리의 진정한 의미를 안다

정리란 단순히 물건의 정리만을 의미하는 것이 아닙니다.
감정과 시간, 인간관계도 정리의 대상입니다.

1

내 기분이 좋아지는 공간을 목표로 한다

정리란 '스스로 기분좋게 느껴지는 공간을 만드는 것'.
공간의 여유는 마음의 여유로 이어져
내일에 대한 기대가 생깁니다.

2

가장 먼저 버려야 하는 것은?

물건을 버리는 것은 힘든 일입니다.
우리가 먼저 버려야 할 것은
'버릴 때의 죄책감'입니다.

3

오감을 다듬어서 긍정적인 태도를 갖는다

눈에 잘 띄는 장소를 먼저 정리하세요.
저절로 긍정적인 마음과 태도를
갖게 됩니다.

4 정리는 건강의 바로미터

식생활과 관련된 부엌은 물을 쓰는 장소라
쉽게 더러워지기 때문에 특히 더 신경써야합니다.
가족의 건강 상태에도 영향을 주기 때문이지요.

5 '물건'을 중요하게 생각한다는 것은 무슨 의미인가?

소중하게 간직하고 싶은 물건만 선택해
공간에 여백을 만들고 그곳에서 보다 나은 인생을
가꾸어 가기 위해 정리하는 것입니다.

6 '시간'을 소중히 생각한다는 것은 무슨 의미인가?

'행동하는가 그렇지 않은가'가 시간의 질을 좌우합니다.
다시 말해 '행동력'이 있는 사람이
원하는 인생을 살아갈 수 있습니다.

7 '인간관계'를 소중히 생각한다는 것은 무슨 의미인가?

정리 테크닉을 인간관계에도 적용하세요.
인간관계는 자신을 중심으로 생각하고
상대와의 거리를 조절하면 됩니다.

1

내 기분이 좋아지는 공간을 목표로 한다

정리란 기분좋게 느껴지는
공간을 만드는 것

정리를 잘 하는 사람은 잘 사는 사람

'정리를 잘 하는 사람'은 모델하우스처럼 깔끔하고 세련된 집에 살고 있다. 그런 생각을 하고 있지 않나요? 그런 이미지로 정리를 인식하고 있다면 '나와는 상관이 없다', '나에게는 무리다'라고 생각하는 것이 당연할지도 모릅니다.

제가 생각하는 정리는 '기분이 좋아지는 공간을 만드는 것'. 정리가 중요한 이유는 즐거운 인생은 기분 좋은 공간에서 시작되기 때문입니다. 다시 말해 정리란 가슴 뛰는 미래를 만나는 것입니다.

프리랜서 디자이너에게 사무실 정리를 의뢰받은 적이 있습니다. 당시 그녀는 단가가 낮은 작업 의뢰가 많아서 많은 일을 처리해야했습니다. 그러다보니 너무 바빠서 정리에는 손이 미치지 못했지요. 사무실은 작업 자료로 가득 차고 넘쳤습니다. 계속 쌓여가기만 했지요.

저는 기한을 정한 후, 오래된 자료를 처분할 것을 권했습니다. 얼마 지나지 않아 그녀에게 반가운 연락을 받았는데 사무실을 정리하고 나서 큰 프로젝트가 들어왔다는 소식이었습니다.

사실 생각해보면 이상할 것도 없습니다. 정리가 안 된 자료는 찾는데도 시간이 한참 걸립니다. 책상 주위가 깔끔하면 저절로 집중력이 높아지고 효율성도 좋아집니다. 일을 빠르게 잘 처리하는 사람에게 작업이 들어오지 않을 이유가 없는 것입니다.

공간의 여유는 마음의 여유로 이어진다

시간이 없다. 돈이 없다. 일도 힘들고 인간관계도 잘 풀리지 않는다…. 지금 당신에게 여러 가지 고민이 있다면 그

것은 집이 어질러져 있기 때문일지도 모릅니다.

혈전이 생기면 혈액의 흐름이 멈추듯이 생활 공간에 물건이 넘치면 인생의 흐름이 나빠집니다. 물건에는 과거의 기억과 감정이 깃들어있기 때문에 물건이 넘치면 미래가 흘러들어올 여유가 없어지는 것입니다.

공간의 여유는 마음의 여유로 이어져서 타인에 대한 질투같은 무익한 감정도 잘 생기지 않습니다. 자신의 인생에 집중하며 원하는 인생을 살게 됩니다.

POINT

정리란 기분이 좋아지는 공간을 만드는 것.

정리하면 인생이 바뀌는 이유

시간에 쫓기지 않게 된다

물건을 찾는데
시간을 들일 필요가 없고
행동하기 편해진다

불필요한 돈을 쓰지 않게 된다

자신이 좋아하는 것,
좋아하는 물건이 무엇인지
스스로 잘 파악하고 있기 때문

인간관계가 좋아진다

정신적인 여유가 생기기 때문에
주변의 호의 역시
받아들이기 쉽다

결단력이 생긴다

자신에게 집중할 수 있으므로
정말 필요한 물건을
고르기 쉽다

자신을 객관화해서 볼 수 있게 된다

감정 정리가 쉬워진다

인생이 바뀐다

2

가장 먼저 버려야 하는 것은?

물건도 인간관계도
'잘 선택하고 소중하게 여긴다'는
것이 중요

버리는 것에 대한 '죄책감'을 버린다

이제는 필요없지만 과거에 소중했던 물건, 아직 깨끗하지만 입지 않는 옷들…. 혹시 집안이 이런 '필요없는 물건'으로 가득 차 있지 않나요?

기분 좋은 공간을 만들기 위한 첫걸음은 물건을 줄이는 것. 하지만 '아깝다', '언젠가 입을지도 몰라'라며 어떻게든 버리지 않을 이유를 찾게 됩니다.

우리는 부모님이나 조부모님께 '물건을 소중하게 생각해라'라고 배웠습니다. 이 가르침이 틀린 것은 아니지만 지금은 물건으로 넘치는 시대입니다. 이 시대를 살아가는 우리는 '잘 선택한 물건을 소중하게 여긴다'는 생각이 필요합니다. 다시 말해, 우리가 가장 먼저 버려야만 하는 것은 '버릴 때의 죄책감'입니다.

특히 다른 사람에게 받은 '선물'은 가장 버리기 힘든 물건입니다. 모처럼의 호의를 제멋대로 짓밟는 것같은 죄책감을 느끼기 때문입니다. 하지만 이것은 느낄 필요가 있는 감정일까요?

생일, 연말, 출산, 입학과 졸업 등 사람들은 커뮤니케이션에 물건을 사용하는 습관이 있습니다. 이것은 '늘 고맙게 생각합니다', '진심으로 축하합니다'로 완결되는 커뮤니케이션. 다시 말하면 '선물'은 '이미 역할을 다한 물건'인 것이지요. 그러므로 버리는 것에 죄책감을 가질 필요는 전혀 없다고 생각합니다.

인간관계도 선택해서 소중히 대한다

사실 인간관계도 '선물'과 마찬가지로 정리하는데 죄책감을 느끼게 됩니다. 물론 '친구를 소중히 생각한다'는 것은 중요한 일이지만 '점심은 늘 함께'라든지 '친구랑 같이

다니기로 한 학원이니까 못 그만둬' 등 모든 것에 친구가 우선이 되어버리면 문제입니다.

이런 말을 하는 저도 20대 때, 회식을 거절하지 못해 참석했다가 술도 마시지 못하면서 권하는 대로 마셨던 적도 있었습니다. 거절하면 인간관계를 쌓을 수 없다고 생각했던 것입니다.

하지만 어느 날 과감히 거절을 해 보았지요. 회식 권유를 거절해도 업무도 인간관계도 크게 변하지 않는다는 것을 깨달았습니다. 지금은 '나는 어려보여서 못 가'라고 거절하는 농담까지 할 여유가 생겼습니다.

POINT

물건을 선택해서 소중히 여기는 것은
자기 자신을 소중히 여기는 것이다.

버리는 것에 죄책감을 갖지 않는다

✕

물건을 소중하게 여긴다 → **물건을 버릴 때 '죄책감'을 느낀다**

○

물건을 선택해서 소중히 여긴다 → **불필요한 물건을 처분한다**

3

오감을 다듬어서 자기긍정감을 높인다

정성을 다해 생활하는 것은
자신을 소중하게 대접하는 것

지저분한 집은 부정적인 감정을 부른다

어질러진 집에서 생활할 때 가장 문제는 자기긍정감이 떨어진다는 것입니다. 인간은 오감 중에서도 특히 시각에 의지해서 생활합니다. 그렇기 때문에 지저분한 집이 눈에 들어오면 '난 한심해'라는 부정적인 기분이 되어버리는 것입니다.

반대로 정리는 '해냈다'라는 감각을 불러와서 자기 긍정감을 높여줍니다. 회사 내의 인간관계로 고민하던 분이 책상을 매일 정리하고 퇴근했더니 아침에 출근하는 것이 덜 힘들어졌다는 경험담을 들은 기억이 있습니다.

깔끔하게 치운 책상에 반려동물의 사진을 올려두었더니 일하면서 재충전할 수 있게 되었다고 합니다.

이처럼 정리의 비결은 '제일 눈에 잘 띄는 장소'를 우선 바꾸는 것. 그렇게 하면 자기긍정감이 높아져서 긍정적으로 생각할 수 있게 됩니다.

오감을 갈고 닦는다

정리에 오감을 이용하는 방법도 있습니다.

• **청각** 신나는 음악을 정리 테마곡으로 정합니다. 그 곡이 흐르기 시작하면 정리 스위치가 들어와서 저절로 몸을 움직이게 됩니다.

• **후각** 음식물 쓰레기나 먼지 냄새 등 냄새가 신경 쓰이는 부분을 우선적으로 치우면 부정적인 감정을 막아주는 효과가 있습니다.

• **촉각** 정리하면서 물건의 처분 여부가 망설여질 때, 만지거나 입었을 때의 느낌에 집중하면 결정하기 쉬워집니다. 신발을 신었을 때의 느낌을 우선해서 처분한다, 만져서 거슬리는 부분부터 정리한다 등도 촉각을 우선해서 정리

하는 방법입니다.

• **미각** 생활하기 힘들 정도로 집이 어질러져 있다면 저절로 외식이나 배달음식에 의지하게 됩니다. 바깥 음식은 염분을 과다섭취하기 쉽지요. 집을 정리하고 자신을 소중하게 대접하는 생활을 해보세요. 그러기 위해서 정상적인 미각을 되찾아야 합니다.

자기긍정감을 키우려면 기분 좋은 공간이 꼭 필요합니다. 정리는 매일매일을 소중하게 보내기 위한 첫걸음인 것입니다.

POINT

오감을 풀활용하면 정리가 빨라진다.

오감이 정리에 미치는 영향은 아주 크다

시각

눈에 잘 띄는 곳부터
정리하면 성취감을
느끼기 쉽다

청각

정리 테마곡을 정하고
그 곡을 들으면서
정리하면 잘 진척된다

후각

음식물 쓰레기나
먼지 냄새를 감지하면
치워야한다는
위기감을 느낀다

촉각

입었을 때의 느낌과 신었을 때의
느낌이 처분할 때 근거가 되고
먼지의 거칠거칠함이 정리를
시작하는 신호가 된다

미각

집을 정리하면 미각이 정상적으로
돌아와서 밥이 맛있어진다

4

정리는
건강의 바로미터

정리된 집은 몸과 마음을
건강한 상태로 유지시킵니다

정리를 못하는 것은 마음이 지쳐있기 때문?!

아침 일찍 나가서 밤늦게 집에 돌아오는 바쁜 생활을 하고 있으면 집이 더러워지기 쉽습니다. 어느 정도 정리된 집이라면 매일 7~8분 정도만 투자해도 청결함을 유지할 수 있지만, 너무 바쁘면 그것조차 못하게 되는 것이 당연합니다.

이것은 꼭 시간이 없기 때문만이 아닙니다. '바쁘다'라는 한자에는 '마음을 잃다'라는 의미가 있습니다. 다시 말해서 바쁘다는 것은 마음을 지치게 하는 것입니다. 긴장하고 있으면 정신적 피로를 잘 알아채지 못합니다.

하지만 쌓인 피로 탓에 단 몇 분간의 정리조차 할 수 없게 되는 것입니다. 어질러진 집에서는 진정한 휴식을 얻을 수 없기 때문에 피로가 피로를 부르는 마이너스의 악순환에 빠져버립니다.

반대로 있기 편한 공간을 만들면 느긋하게 쉴 여유도 생깁니다. 이것이 인생의 선순환의 계기가 되는 것입니다.

마음의 피로는 부엌에 드러나기 쉽다

마음의 흐트러짐은 몸의 건강 상태에도 영향을 줍니다. 왜냐하면 정신적인 피로는 가장 먼저 부엌에 드러나기 때문입니다. 부엌은 물을 쓰는 곳이라 아무래도 더러워지기 쉽습니다. 다른 곳보다 부지런한 정리가 필요한 장소인 것입니다.

또 부엌은 식생활의 베이스가 되는 곳입니다. 아침 식사를 계속 거르거나 외식을 자주 하게 되는 것도 사실은 '부엌에 있을 때 거북한 기분'이 원인입니다. 실제로 부엌을 잘 정리하고 나서 저절로 외식이 줄었다는 사람이 많습니다.

지나친 외식은 영양 면에서도 문제가 많고 비용 문제도

무시할 수 없습니다. 집이 정리되기 시작하면서 식생활이 개선되서 건강 상태가 좋아졌다거나 '어느새 군살도 함께 정리되었다'라는 분도 있습니다. 정리는 다이어트까지 이어지는 것입니다.

정리를 잘하게 되면 시간이나 돈에 관한 계획과 관리도 능숙해집니다. 시간과 돈을 크게 들이지 않고도 건강한 식사를 할 수 있게 됩니다.

POINT

부엌을 부지런히 정리하면 몸과 마음의 컨디션이 좋아진다.

부엌을 청결하게 유지하자

보이는 곳에 도구를 꺼내놓지 않는다

가능한 선반이나 서랍 안에 수납하면 청소하기 쉬워지고 보기에도 깔끔

매다는 수납은 NG

S자 고리를 이용한 매다는 수납은
정리가 서툰 사람에게는 맞지 않는다
먼지와 기름으로 끈적끈적해져 버린다

주방용품을 줄인다

김발, 푸드커터, 케이크를 굽는 도구 등
3년 이상 사용하지 않은 물건은 처분한다.

5

'물건'을 중요하게 생각한다는 것은 무슨 의미인가?

과거를 버리고 미래가 들어올
여백을 만드세요

여백을 만들어 미래를 초대한다

물건을 중요하게 생각한다는 것은 '과거를 중요하게 생각한다'는 것이기도 합니다. 마음에 들어서 산 옷, 선물, 여행지에서 산 기념품…. 이것들은 전부 자신의 과거와 연결되어 있습니다. 형태가 있는 물건은 '전부 과거의 것'입니다.

'집을 정리하고 싶지만, 물건이 많아서 정리가 안 된다'고 하는 사람이 있는데 그것은 인생이 과거로 가득한 상태라는 것이지요.

과거로 꽉 찬 사람에게 좋은 미래가 들어 올 자리가 있을까요? 자신의 과거 속에서 소중하게 생각하는 물건만 선택하고 여백을 만들어보세요. 여백이 없으면 더욱 좋은 인생, 미래를 초대할 수 없습니다. 더이상 필요하지 않은 과거의 물건에 둘러싸여 있으면 자신의 가능성이 줄어듭니다. 이것이 불필요한 물건을 버려서 여백을 만들어야 하는 이유입니다.

소중한 추억을 소중하게 대한다

물론 모든 것을 버려야 하는 것은 아닙니다. 소중한 추억이 있는 물건은 남기고, 이미 관심이 사라진 과거의 물건은 전부 버린다. 이것만으로 집과 마음에 공간이 생깁니다. 다만 이때 '소중한 추억을 정말로 소중하게 대하고 있는가'를 되돌아볼 필요는 있습니다. 전에 정리를 돕기 위해 방문했던 집에서 사진 한 장을 찾은 적이 있습니다.

해변에서 석양을 바라보고 있는 커플의 뒷모습을 찍은 영화 포스터 같은 사진이었지만 커피 얼룩이 스며들고 구깃구깃한 상태였습니다. 불필요한 물건이라고 판단, '이 사진은 버려도 괜찮겠지요?'라고 확인했는데 글쎄, 신혼 여행지였던 하와이에서 찍은 부부의 사진이라는 것입니다.

'소중한 추억이라 버릴 수 없어요'라고.

그렇다면 액자에 끼워서 장식하든 앨범에 잘 넣어두는 것이 좋았을 것입니다. 커피 얼룩이 배어들 정도로 막 다뤄서는 안 되는 것이지요. 아무렇게나 다루는 물건에 담긴 추억이 의미가 있을까요? '추억을 소중하게 생각한다'라는 것은 '물건을 소중하게 다룬다'는 것과 마찬가지라는 것을 잊지 마세요.

POINT
과거를 정리해서 미래에 대한 가능성을 넓힌다.

집에도 마음에도 여백이 필요해요

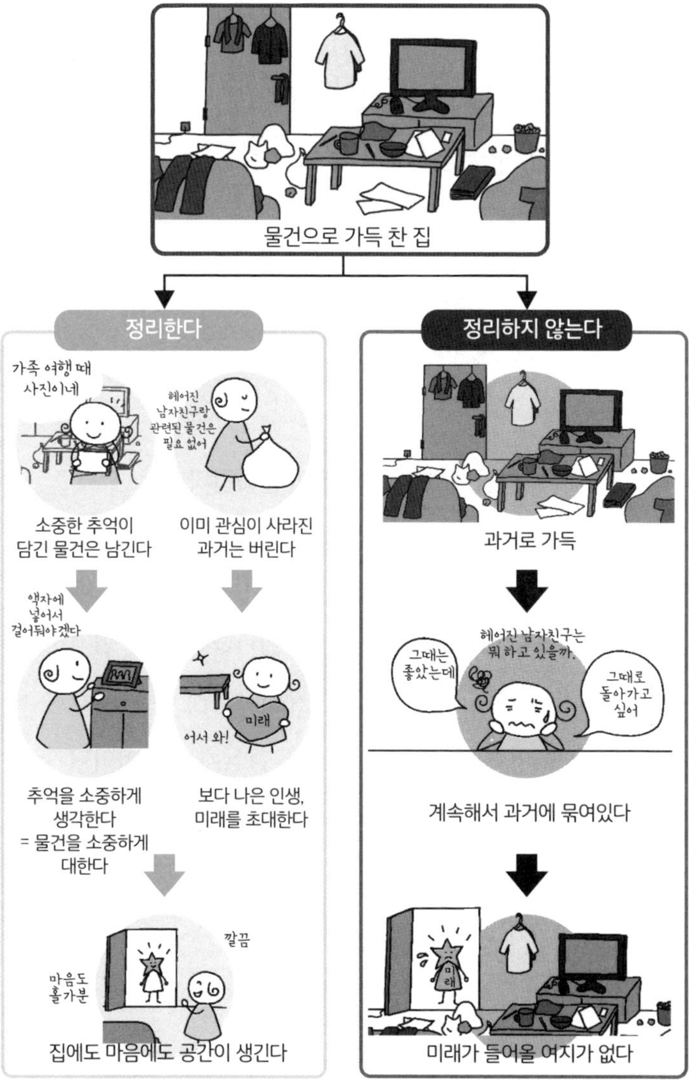

6

'시간'을 소중히 생각한다는 것은 무슨 의미인가?

정리를 하면 시간이 늘어나고
원하는 인생을 살아갈 수 있습니다

행동하면 시간의 질이 올라간다

시간은 누구에게나 평등하게 주어진 자산이지만 상상 이상으로 얼마 되지 않는 것이 시간이기도 합니다. 예를 들어 부모 자식이 함께하는 시간은 얼마나 될까요. 간사이 대학 사회학부의 야스다 도키오(保田時男)교수에 따르면 부모와 자식이 함께 보내는 시간을 계산해보면 어머니가 약 7년 6개월, 아버지가 약 3년 4개월. 그것밖에 되지 않습니다.

부모와 자식이 따로 사는 경우 '함께 보낼 수 있는 날 수 =부모의 남은 수명(햇수)'이라는 기준도 있습니다. 만약 데이터대로라면 현재 80세인 어머니와 보낼 수 있는 시간은 앞으로 7일뿐일지도 모릅니다. 시간의 소중함을 느낄 수 있는 데이터라는 생각이 들지 않나요?

시간은 자산. 어떻게 운용하는가에 따라 질이 달라집니다. 시간의 질을 좌우하는 열쇠는 '행동하는가 그렇지 않은가'입니다. 행동하면 시간의 질을 극적으로 개선할 수 있습니다.

정리하면 쾌적한 공간을 얻을 수 있고 무엇을 하든 효율이 높아집니다. 다이어트도 매일매일의 축적이지요. 몇 개월 후에는 반드시 결과로 드러날 것입니다. 다시 말해서 '행동력'이 있는 사람일수록 원하는 인생을 살아갈 수 있다는 것입니다.

정리로 행동력을 높인다

정리는 행동력을 올리는 데도 도움이 됩니다. 잠들기 전에 정리하는 것도, 퇴근하기 전에 사무실 책상 주변을 정리하는 것도 '다음 날 아침'이라는 미래에 대한 투자입니다. 원활하게 출근 준비나 업무를 시작할 수 있으므로 행동력이 올라가는 것입니다.

정리하면 물건을 찾아다니는 시간이 줄어드는 것도 장점입니다. 정리가 서툰 분을 위한 강좌를 열어보면 때때로 지각하는 수강생이 있습니다. 이유를 물으면 물건을 찾다가 늦었다는 경우가 많습니다.

하루에 10분 물건을 찾는 사람은 1년이면 약 2.5일이나 물건을 찾는데 시간을 쓴다는 계산이 나옵니다. '시간에 쫓긴다'는 감각은 행동하기 위한 준비가 되지 않았기 때문에 느끼는 것입니다. 정리로 행동할 시간을 늘려보세요.

에어로빅 강사인 지인은 신호 대기 중이나 전철에 타고 있을 때도 발뒤꿈치를 올렸다 내렸다 하며 운동을 한다고 합니다. 어떤 생활방식을 선택하든 시간은 계속 흘러갑니다. 지금 이 순간도 자꾸자꾸 과거가 되어갑니다. 시간은 되돌릴 수 없는 자산입니다.

POINT

시간의 질을 높이는 행동력이 인생을 좌우한다.

시간을 잘 운용해서 미래에 대해 투자를 한다

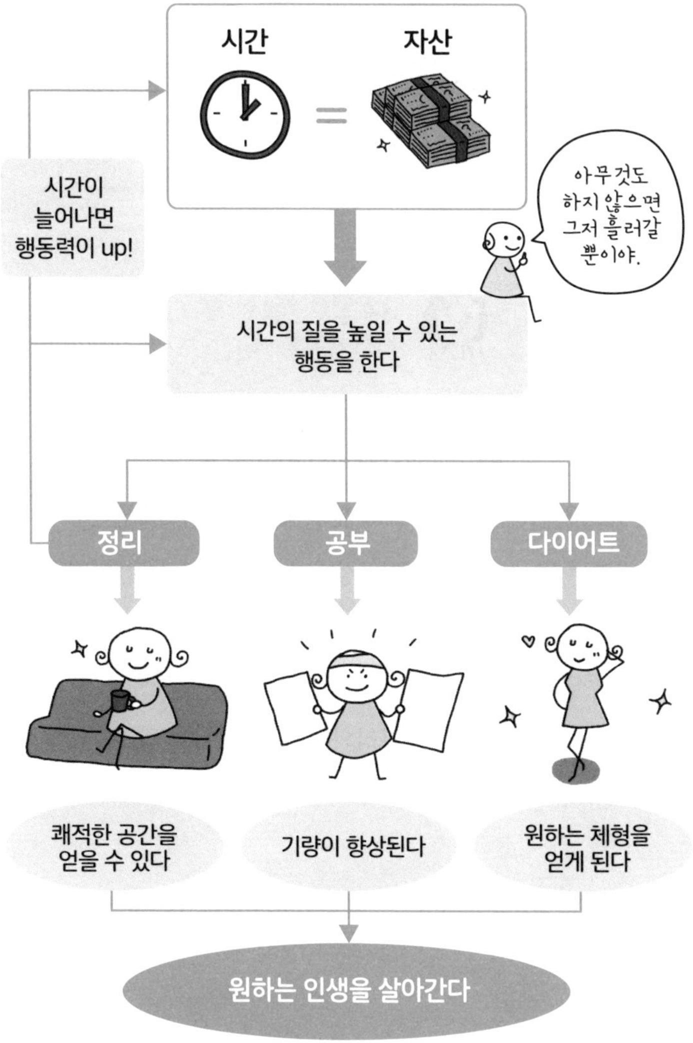

7

'인간관계'를 소중히 생각한다는 것은 무슨 의미인가?

'바꿀 수 있는 것'에 집중하면
인간관계도 홀가분

정리와 인간관계의 깊은 관계

정리에 관해 상담을 하다 보면 화제가 인간관계로까지 확대되는 경우가 있습니다. '정리를 하는 동안 인간관계에 대한 고민이 가벼워졌다'는 이야기를 자주 듣곤 합니다. 이것은 우연이 아닙니다. 정리는 인간관계의 고민에도 응용할 수 있기 때문입니다. 정리와 비슷한 단어가 몇 개 있는데 여기에서 정의해보겠습니다.

- 정돈…소중한 물건, 일을 선택해서 적절하게 관리하는 것

- 정리…불필요한 것을 처분하는 것. 버린다, 준다, 판다 등의 방법이 있다.
- 수납…소중한 물건을 잘 두는 것
- 청소…쓰레기와 오염을 제거하는 것

실제로 정리할 때는 '정돈' 과 '정리'를 세트로 하는 것이 요령입니다. 중요한 물건과 일을 선택해서 적절하게 관리하는 것입니다.

자신이 할 수 있는 것에 집중한다

고민이란 생각이 어지럽게 뒤섞인 상태입니다. 중요한 것과 중요하지 않은 것이 뒤범벅되어 있고 불필요한 정보의 쓰레기도 섞여있습니다. 어질러진 집과 같은 상태인 것입니다.

이런 상태로는 '중요한 물건과 일을 선택해서 적절하게 관리'하면서 '불필요한 것을 처분하는' 것이 효과적입니다. 다시 말해 머릿속을 정리할 필요가 있습니다. 고민을 정리하는 요령은 '바꿀 수 있는 것', '바꿀 수 없는 것'으로 구분하는 것.

그리고 '바꿀 수 없는 것'은 과감하게 버리는 것입니다 '바꿀 수 없는 것'의 대표적인 것은 다른 사람의 성격이나 태도. 타인을 바꾸고 싶다는 생각은 버리세요.

중요한 것은 '바꿀 수 있는 것'에 집중하는 것. 그렇게 하면 인생은 더 나아집니다. '바꿀 수 있는 것'의 대표는 바로 자신. 자신의 생각과 태도는 자유롭게 바꿀 수 있습니다. 예를 들어 '꼭 그만두었으면 하는 것 한 가지만 부탁한다', '솔선해서 아이에게 모범을 보인다', '거북한 상대와 거리를 둔다' 등 자신이 할 수 있는 것을 생각하는 것입니다.

인간관계는 나를 중심으로 생각하지 않으면 아무래도 속을 태우는 일이 많아집니다. 소중한 상대를 선택하고 그 이외의 사람과는 거리를 조정하는 것도 방법의 하나입니다.

POINT

상대와의 거리는 내가 정하면 된다.

인간관계는 나를 중심으로 생각한다

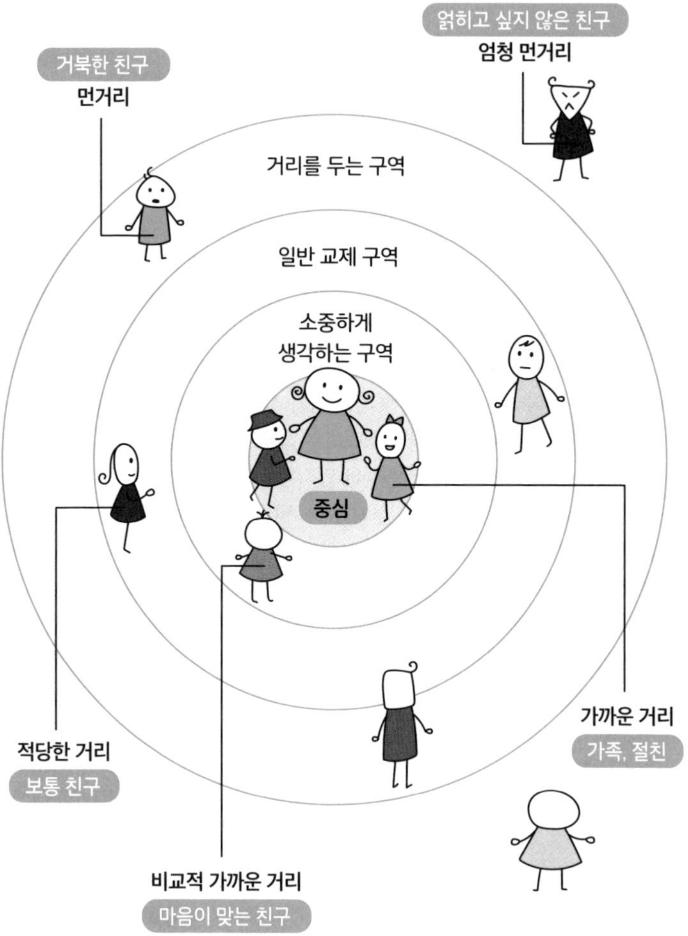

COLUMN

정리가 서툴러도 열등감을 느끼지 마세요

'정리를 잘하고 못하는데 남녀의 능력 차가 있나요?'라는 질문을 받을 때가 있습니다. 지금까지 여러 사람을 만났던 경험을 토대로 말하자면 '남녀 차이라기보다는 개인차 쪽이 크다'라는 것이 제 답변입니다. 하지만 제 강좌에 참가하는 분, 또 상담하러 오시는 분의 대부분은 여성. '정리를 잘한다 못한다'에 남녀 차이는 없지만 '정리 때문에 고민하느냐 아니냐'에는 분명한 남녀 차가 있다는 것을 느끼고 있습니다.

이것은 뿌리 깊은 남녀 역할 분업이라는 고정관념 때문일 것입니다. 남성의 경우, 어머니가 대신 정리해 주는 가정에서 자라 그 상태로 결혼한 후에는, 아내가 대부분의 일상사를 처리하는 경우가 드물지 않습니다. 남성은 정리를 못 해도 용인되기 쉬운 환경에 있다는 것입니다.

반대로 여성은 어릴 때부터 '정리를 못 하다니 여자아이답지 않다'라고 혼나서 울렁증이나 열등감을 가진 사람이 무척 많습니다. 많은 여성이 밖에서 일하는 시대가 된 지금도 집안일을 빈틈없이 하지 못하면 '나는 여자로서 역할을 다하지 못하고 있다'는 깊은 열등감을 가지게 되는 것입니다.

하지만 정리는 행동일 뿐입니다. 주변 사람과 가족, 직장 등에서 정리를 학습할 환경이 갖춰져 있다면 어느 정도는 가능해집니다. 정리를 못 하는 까닭은 배우지 않았기 때문. 이 책에서 배운대로 실천한다면 정리 솜씨는 반드시 향상됩니다. 가족과 커뮤니케이션을 하면서 함께 정리하던지, 아무리해도 안 될 것 같다면 전문가의 도움을 받으면 됩니다. 열등감을 가질 필요는 전혀 없는 것입니다.

정리는 남녀를 불문하고 쾌적하게 살아가기 위해서 꼭 필요한 생활 기술입니다. 정리를 배우고 실천하면서 미래를 짊어질 아이들이나 가족, 주변 사람들에게 기술을 전해준다면 서로가 쾌적하게 지낼 수 있는 환경이 만들어지지 않을까요?

제2장

정리에 성공하는 사고방식으로 바꾼다

TIPS 10

정리에 성공하는 사고방식으로 바꾼다

'정리하고 싶다'는 생각은 굴뚝같은데 정리를 못하겠다….
이런 분을 위한 생각법을 알려드립니다.

8 작은 성공 체험으로 자신감을 얻고 정리의 선순환을 만든다

작은 목표를 세우고 정리하다 보면 단시간에 큰 성공 체험을 얻을 수 있습니다.

9 빙고 게임으로 현 상태를 벗어난다

빙고 게임을 통해 자신을 직면하면 정리의 문제점이 보이기 시작합니다.

10 필요·불필요·임시보관 '3의 법칙'으로 정리가 술술

3초 이상 망설여지면 '임시 보관'하는 것으로 정하면 멈추지 않고 정리를 진행할 수 있습니다.

11 '의지력이 필요한 정리'에서 '조건 반사' 정리로

'자기 암시를 건다' '자신이 해야 할 행동을 소리내서 말해본다' '게임하는 기분으로 한다' 등 여러 가지 방법을 시험해보세요.

12 정리의 심층 심리 - '자신의 본심'과 대면한다

채워지지 않는 마음은 아무리 물건으로 채워 보려 해도 메워지지 않습니다. 자신의 진정한 마음과 대면하세요.

13 자신을 비난하지 않는다 남을 부러워하지 않는다

정리에 서툰 자신을 한심한 인간이라고 생각하지 마세요. 다른 사람과 비교할 필요도 없습니다.

14 변명을 그만두고 긍정적인 말을 입버릇으로

긍정적인 말을 반복하다 보면 어느새 정리력이 생깁니다.

15 정리에 관한 이야기를 많이 한다

정리에 대한 고민을 오픈해서 털어놓을수록 정보가 모이기 시작합니다.

16 매몰 비용에 얽매이지 않는다

정리는 돈의 척도가 아닌 자신의 가치관에 따라 진행해나갑니다.

17 마구 어질러진 심각한 집이라면 과감하게 리셋하세요

집의 구역을 나눠서 일주일에 한 번 정리합니다. 구역을 60점 정도 받겠다는 편한 마음으로 정리하면 OK입니다.

8

작은 성공 체험으로 자신감을 얻고 정리의 선순환을 만든다

정리로 성공 체험을
쌓아 올리다 보면 스스로
만족하게 되고 즐거워집니다.

'해냈다!'라는 체험으로 자기효능감을 높인다

많은 사람이 자신의 플러스면보다 마이너스면에 의식을 집중하는 경향이 있습니다. 예를 들면 '영어를 잘하고 운동은 서툰' 사람은 영어를 잘하는 것보다는 운동을 잘 못하는 것 때문에 콤플렉스를 안고 살아 갑니다.

마찬가지로 집이 지저분하면 다른 것을 잘해도 '나는 한심한 인간'이라는 생각을 하기 쉽습니다.

이것은 심리학 용어로 말하면 자기긍정감(='나는 내가 좋다'라는 감각)이 떨어진다는 것. 이런 상태를 벗어날 수 있는 비결은 자기효능감('나는 할 수 있다'라는 감각)을 높이는 것입니다. 누구나 '자신이 못하는 것'에 관심을 돌리면 자기 긍정감을 잃어버리기 쉽습니다. 그러므로 자신을 좋아하게 되려면 '해냈다!'라는 성공 체험으로 자기효능감을 높이는 것이 좋습니다.

갑작스러운 대청소는 NG! 우선은 작은 목표부터

정리는 자기효능감을 높이는데 효과가 좋은 방법입니다. 단시간에 큰 성공 체험을 맛볼 수 있기 때문입니다. 정리로 성공 체험을 맛보기 위한 요령은 작은 목표를 세우는 것.

'지저분한 집 전체를 당장에 어떻게 해버리고 싶다'라는 목표는 NG. 장소를 한정하는 것이 좋지만 거실을 선택하는 것은 위험합니다. 거실은 가족 공통의 물건과 개인의 물건이 섞여있어서 난이도가 매우 높기 때문입니다.

처음에는 자신의 재량으로 진행할 수 있는 개인 공간을 선택하는 것이 좋습니다. 식탁, 화장실 등으로 한정하는 것도 추천합니다. 목욕을 좋아한다면 욕실, 패션을 좋아한다면 옷장 등 자신이 좋아하는 장소나 물건을 먼저 시작하는 것도 좋아요.

장소와 물건을 한정했는데도 시작할 마음이 생기지 않는다면 '감정이 들어가지 않은 물건이 있는 곳' 부터 시작하면 조금 쉽게 할 수 있습니다.

예를 들어 샘플 화장품 등 추억의 물건이 아닌 것들로 어질러진 장소. 이런 것이라면 망설이지 않고 버릴 수 있습니다. 작은 공간이 정리되면 다른 곳도 정리하고 싶어지기 마련. 우선은 최대한 간단한 곳에 집중하면 긍정적인 방향으로 움직이기 쉬워집니다.

POINT

정리를 하면 자기효능감과 자기긍정감이 높아진다.

정리는 긍정적인 연쇄 반응을 낳는다

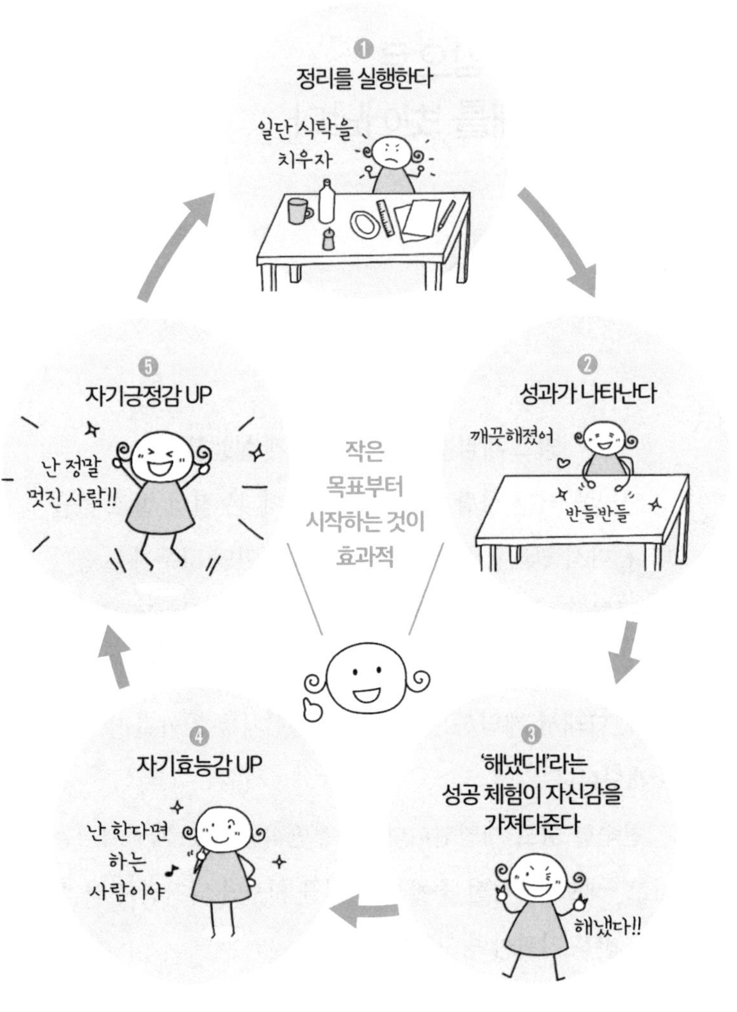

9

빙고 게임으로 현 상태를 벗어난다

빙고 게임으로 자신과 직면하고
정리의 경험치를 쌓아가세요

빙고 게임을 통해 '당연'하게 실행한다

정리에 서툰 사람은 원래 정리를 해 본 적이 별로 없습니다. 다시 말해 경험치가 적은 것이 원인인 경우가 많습니다. 예를 들어 영어를 잘하는 사람은 영어와 접하는 시간이 길고 그러므로 점점 더 잘하게 됩니다. 정리도 마찬가지입니다. 그래서 게임하는 느낌으로 경험치를 쌓아갈 방법을 소개합니다.

친숙한 빙고 게임입니다. 단 일반적인 빙고 게임에서는 가로 · 세로 · 대각선 중에서 한 열을 지우면 되지만 정리 빙고는 전부 지워야 빙고입니다.

우선 9칸을 그립니다. 그리고 9칸에 일주일 동안에 최소한 이것만은 해야한다고 생각하는 일을 적어넣습니다. 쓰레기 처리일이 일주일에 3번 있다면 우선은 그것을 적어넣습니다. 다 적었으면 냉장고 등 눈에 잘 띄는 곳에 붙이고 끝낸 것을 X로 지워나갑니다.

'일주일 빙고'를 잘 할 수 있게 되면 다음은 자신의 정리 현황을 관찰할 '현재 정리의 문제점 빙고판'을 만듭니다. 예를 들면 칸의 한가운데 '늘 지저분한 옷장'이라고 적습니다. 그 주위에 '입지 않는 옷이 잔뜩 있다', '계절이 바뀔 때마다 옷 정리를 하는 것이 힘들다', '양말이 뿔뿔이 흩어져 있다' 등이라고 적어나갑니다. 그것을 토대로 어떻게 하면 좋을지를 생각해서 문제 해결을 위한 빙고판을 만듭니다.

'하면 된다'라는 자신감 과잉에서 벗어난다

사람은 무엇인가를 하다가 만 상태로 두면 기분이 나빠지는 습성이 있습니다. 눈에 잘 띄는 곳에 빙고 게임판을 붙여두면 볼 때마다 '해야 하는데'라는 정리 스위치가 들어올 것입니다.

3주 정도 지속하는 사이에 차츰 당연하게 실행할 수 있게 되고 경험치도 늘어납니다. 이 빙고 게임은 '내가 정리를 하려고만 하면 금방 할 수 있다. 지금 못하는 것은 바빠서 그래'처럼 자신의 정리 실력을 과신하고 있거나, 못하는 이유를 늘어놓으면서 영원히 나중으로 미루고 있는 '현실도피형'인 사람에게 알맞습니다.

정리는 어질러져 있는 자신의 부정적인 면과 직면하지 않는 한 해결되지 않습니다. 빙고 게임을 통해 자신의 현실을 직면하고 문제 해결을 통해 성장해나가는 본인의 모습을 되찾으세요.

POINT

게임을 도입하면 놀이하듯이 재미있게 경험치를 쌓을 수 있다.

빙고 게임을 하면서 경험치를 쌓아요

매주 광고지 뒷면 등에 9개의 칸을 그려서 실행하세요

조금 더 할 수 있는 분은 하루에 해야 할 일로 빙고판을 만들어요

일주일 동안 할 일 빙고

월 재활용 쓰레기 내놓기	화 부엌 청소	금 재활용 쓰레기 내놓기
세면대 청소	현관 닦기	청소기 돌리기
화장실 물청소	수 냉장고 내용물 체크	청소기 돌리기

청소기를 일주일에 2번 돌린다면 2번 적어주세요

일주일간의 빙고가 가능해졌다면 본인의 현재 정리상황을 관찰한 후, 해결법을 생각해 보세요

문제의 장소를 한가운데 적은 다음, 그 원인과 해결방법을 둘레에 적어나갑니다

체인지!!

현재 정리의 문제점 빙고

입지 않는 옷이 많다	계절이 바뀔 때마다 옷 정리를 하는 것이 힘들다	양말이 뿔뿔이 흩어져 있다
서랍이 꽉 찼다	늘 지저분한 옷장	벗은 채로 방치된 옷
뭔가 냄새가 난다	옷 이외의 물건이 들어있다	옷장에 들어가지 않는 옷을 이동식 행거에 걸어둔다

문제 해결 빙고

입지 않는 옷이 없다	1년분 옷을 전부 넣을 수 있도록 양을 줄인다	양말은 마음에 드는 똑같은 것으로 구입
서랍의 50%만 채울 수 있게 양을 조절한다	깔끔한 옷장	옷은 벗은 즉시 옷걸이에 건다
소취제를 놓는다	옷 이외의 물건은 제자리에 갖다 놓는다	이동식 행거를 없앤다

10

필요·불필요·임시 보관 '3의 법칙'으로 정리가 술술

물건을 처분하는데도
단계가 있습니다

버릴 수 없는 물건과는 잠시 거리를 둔다

정리를 시작하면 '이것을 버려도 괜찮을까' 망설여지는 경우가 많이 생깁니다. 이때 고민할 필요 없이 3초면 결정할 수 있는 방법이 있습니다. ①필요 ②불필요 ③임시 보관으로 판단하는 방법입니다. 예를 들어 계약서나 지갑 같은 꼭 필요한 물건은 '①필요'라고 순간적으로 판단할 수 있습니다.

마찬가지로 망가진 것, 상한 것은 '②불필요'라고 판단할 수 있겠지요. 그러나 바로 판단할 수 없는 물건도 있습니다. '비싼 물건', '추억이 담긴 물건' 등 바로 버리기 힘든 물건입니다. 정리를 잘 못하는 사람은 버리지 않을 이유를 계속 찾습니다. 그리고 한참 망설인 끝에 '그냥 넣어두자'라는 판단을 하고 말지요. 그렇기 때문에 물건이 늘어나서 결국 집이 어질러지는 것입니다.

3초 이상 망설여지는 물건은 '③임시 보관'하세요. 조금이라도 망설여지면 전용 상자나 쓰레기봉투에 담아서 눈에 잘 띄지 않는 곳에 둡니다.

인간은 자주 볼수록 '소중한 물건'이라고 느끼는 경향(단순 접촉 효과)이 있습니다. 눈에 보이지 않게 된 임시 보관 상자는 시간이 지나면 잊어버리게 됩니다.

물건과 거리를 두면 마음에서도 멀어집니다. 반년 이상 잊어버리고 방치했다면 내용물을 다시 보지 말고 처분하세요. 거기엔 소중한 것은 들어있지 않으니까요.

정리를 반복해서 직감력과 결단력을 기른다

100개 이상의 가방을 소유했던 어떤 여성은 처음에는 '모두 소중'하다고 했지만 '3의 법칙'을 적용한 결과, '①필요'는 절반 정도인 50개 전후가 되었습니다.

그리고 1주일 후에 '①필요'를 '3의 법칙'으로 재검토했더니 다시 그 절반인 25개는 '②불필요'가 되었지요. 이것을 반복하다보니 최종적으로 10개까지 줄일 수 있었습니다.

이렇게 3의 법칙으로 몇 번 정도 정리를 경험하면 결단력이 좋아집니다. 그리고 머지않아 '③임시보관'도 점점 줄어서 결국 자연스럽게 '필요·불필요'라는 두 가지 선택만 할 수 있게 됩니다. 집에는 좋아하는 것과 필요한 것만 남게 되고 쇼핑할 때도 정말 좋아하는 물건만 선택하게 되므로 낭비도 줄어듭니다.

POINT

정리할 때 3초 이상 고민하지 않는다.

'3의 법칙'으로 정리하세요

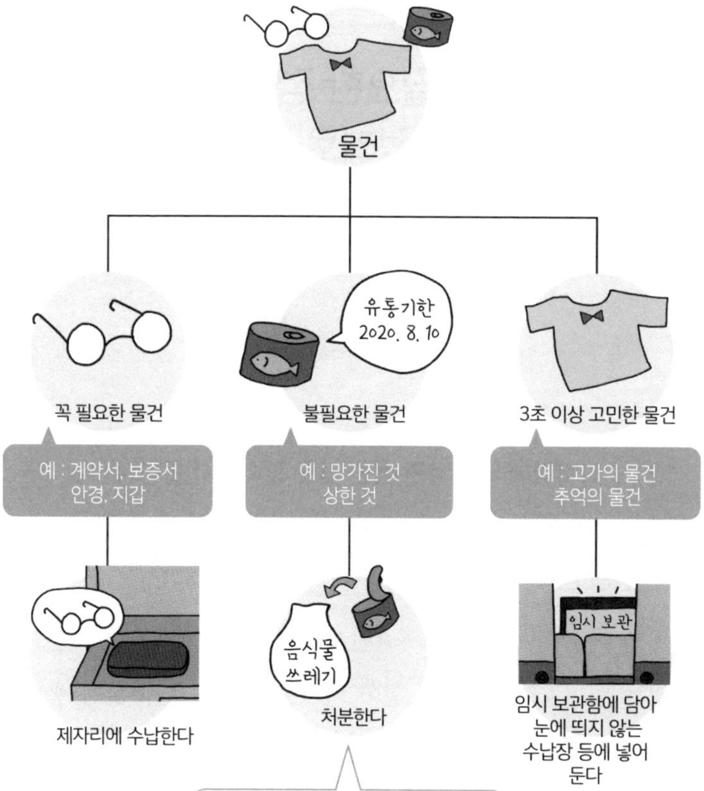

- ▶ 지금 쓰지 않는 것
- ▶ 너무 오래 써서 낡은 것
- ▶ 오감에 맞지 않는 것
- ▶ 나중에 필요하면 쉽게 다시 살 수 있는 것
- ▶ 다른 물건으로 대용할 수 있는 것
- ▶ 5년 후의 자신, 미래의 자신과 어울리지 않는 것
- ▶ 생명을 지키는 데 필요하지 않은 것

11 '의지력이 필요한 정리'에서 '조건 반사' 정리로

행동력이 부족한 것은
의지가 약해서가 아닙니다

의지력에 의존하면 어떤 것도 지속하지 못한다

정리가 서툰 사람 대부분이 '나는 의지가 약하다'라고 생각합니다. 그 이유는 '하면 되는데 못하니까'라는 것. 하지만 어떤 행동을 시작하려면 의지보다 조건 반사에 의존하는 것이 더 낫습니다. 공이 날아오면 받을지, 피할지 생각하기 전에 조건 반사로 행동하게 되지요. 이렇게 노력하지 않고도 정리하게 되는 비결이 있습니다.

• 자기 암시를 건다

나는 '즉시 움직이는 타입'이라고 마음에 새겨놓습니다.

의지가 약하다는 것을 변명으로 내세울 수 없게 됩니다.

• 자신이 해야 할 행동을 소리 내서 말해본다

소리 내서 말하면 뇌에 명확한 명령이 전달됩니다.

• 행동했을 때와 행동하지 않았을 때 이후 상황을 상상한다

행동한 결과로 '꿈꾸던 미래'를 즐기는 자신을 떠올립니다.

• 쉬운 단계부터 해본다

바닥에 뒹굴던 책을 책장에 꽂는 것 같은 진입장벽이 낮은 행동부터 해 봅니다. 다음 단계의 정리 행동으로 이어집니다.

• '이것만은 바로 하기 리스트'를 만들어둔다

컵은 잠자리에 들기 전에 반드시 설거지한다 등 리스트를 만들어서 반드시 지키려고 노력합니다.

• 게임하는 기분으로 한다

61쪽의 빙고 게임이나 보상 작전, 승부 가리기 등 게임

감각을 도입하면 즐겁게 정리할 수 있습니다.

• 피드백을 받는다

스스로를 칭찬해줍니다. 가족의 칭찬을 받은 이야기나 잘 정리된 장소를 SNS에 올려도 좋겠지요.

리스크를 인정하고 정리하는 것이 '아무것도 하지 않는 것'보다 낫다

정리가 서툰 사람은 물건을 처분할 때 '나중에 필요해지면 어떻게 하지?'와 같은 리스크를 필요 이상으로 두려워하는 경향이 있습니다. 정리는 미래의 자신을 위해 결단하는 것. 리스크는 당연한 것입니다. 더구나 대부분의 물건은 버려도 큰 문제가 생기지 않습니다.

만약 버린 10개 중에서 1개 정도가 필요한 상황이 생겼다 해도 10개를 버린 효과가 더 클 것입니다. 미리 이것저것 고민하지 말고 결단하기를 권합니다.

POINT

조건 반사를 활용하면 의지력이 약해도 정리할 수 있다.

조건 반사 정리술

자기 암시를 건다

자신이 해야 할 행동을 소리 내서 말한다

행동했을 때와 행동하지 않았을 때 이후 상황을 상상한다

쉬운 것부터 해본다

'이것만은 바로 하기 리스트'를 만들어둔다

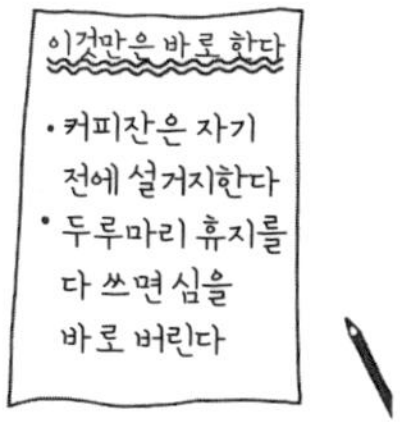

게임하는 기분으로 한다

피드백을 받는다

12

정리의 심층 심리 - '자신의 본심'과 대면한다

물건으로 마음을 채우는 것
그것을 손에 넣은 그 순간뿐입니다

감정과 행동의 불일치라면 다른 요인도 체크해본다

지저분한 집을 정리하기 어려워하는 사람 중에는 '감정과 행동이 일치하지 않는' 경우가 있습니다. 예를 들어 다이어트를 하고 싶다면서 과자 먹는 것을 멈출 수 없다는 경우. 이런 경우도 의지가 약한 것이 아니라 스트레스 등 다른 요인일 수도 있습니다.

정리가 서툰 사람은 집이 이미 물건으로 넘치는데도 물건을 더 삽니다. 인터넷으로 산 여러 개의 운동 관련 용품이 넘쳐나는 경우도 드물지 않습니다. 그것도 먼지를 뒤집어쓴 상태로…. 정말 효과가 있는 상품이라도 쓰지 않는다면 자리만 차지하겠지요.

어느 50대 여성분은 장지갑을 스무 개 정도 가지고 있었습니다. 이유는 '돈을 모으고 싶어서'라는 것. 그러나 대화를 나눠보니 다른 고민을 털어놓았습니다. 파트타임 일을 구하고 싶은데 면접을 보러 갈 결심이 서지 않는다고.

그런 마음이 있어서 자기도 모르게 '금전운이 좋아지는 지갑'을 계속 사게 되었다고 합니다. 하지만 '일하고 싶다'라는 마음을 지갑으로 채울 수는 없습니다. 채워지지 않는 마음을 물건으로 메우려 해도 실제로는 채워지지 않기 때문에 계속해서 새로운 물건에 손을 뻗게 되는 것입니다.

자신이 원하는 모습을 재검토하고 그렇게 되기 위해 행동한다

자신의 진짜 마음을 파악하기 전에는 행동과 감정을 일치시키기 어렵습니다.

당신이 물건을 사는 이유는 정말로 그것을 원해서인가요? 혹시 진정으로 원하는 어떤 것 대신 만만한 것으로 대체한 것은 아닌가요?

조깅을 시작하려고 운동복과 운동화를 샀으면서 기타를 사거나 주방 가전을 사는 등 다른 물건을 계속해서 사 모으는 것 같은 행동을 하고 있지 않나요?

이런 행동은 자신이 원하는 것을 대신하는 대체물일 수 있습니다. 당신이 정말 원하는 것은 달라진 자신의 모습이 아닐까요? 1년 후의 자신을 떠올리면서 채워지지 않는 것의 정체를 파악해보세요. 정체를 알아냈다면 이제 채우기 위한 행동을 하면 됩니다.

POINT

채워지지 않는 것의 정체를 밝혀내면
감정과 행동을 일치시킬 수 있다.

마음은 물건으로 채울 수 없다

13

자신을 비난하지 않는다 남을 부러워하지 않는다

과거의 실패로 끙끙대지 말고
좋아하는 것으로 둘러싸인
생활을 하세요

실패는 그저 결과일 뿐 자신을 비난할 필요는 없다

정리에 관한 여러 가지 잘못된 관념이 있습니다. 그 중 하나가 '정리에 서툰 자신을 한심한 인간이라고 생각'하는 것입니다. 정리란 미래를 위한 여유를 만드는 것. 동시에 자신의 변화를 인정하고 과거에 선택했던 물건을 버리는 것입니다.

취향이 달라져서 사용하지 않게 된 물건까지 전부 끌어안고 사는 것은 관리도 힘들 뿐만 아니라 인생에 여유가 없어집니다. 물건을 버리는 것은 과거의 실패를 버리는 것이기도 합니다.

충동구매한 물건, 쓰기 불편한 물건, 좋아해서 모았지만 결국 쓰지 않았던 물건 등은 과거의 실패를 떠오르게 하므로 마음이 우울해질 수도 있습니다.

하지만 실패는 하나의 결과에 불과합니다. 실패를 회상하며 한심하다고 생각할 필요는 없습니다. 그런 실패는 누구나 겪기 마련이므로 침울해할 필요가 없습니다. 그냥, 지금은 더 이상 필요하지 않으니까 버린다. 그것만으로 괜찮습니다.

완벽하게 수납된 집보다 여유가 있는 집을 목표로 한다

'물건이 완벽하게 수납 정리된 집이 이상적'이라는 것도 오해입니다. 굳이 이상적인 것을 말하자면 수납장의 50~70% 정도가 비어있는 상태를 추천합니다. 옷장 서랍에 여유가 있다면 옷을 빽빽하게 개서 넣을 필요가 없습니다.

정리로 생긴 공간에는 새로운 물건, 새로운 취미와 새로운 도전을 담을 수 있습니다. 청소하기 쉬워지는 것은 물론 하고 싶은 일로 넘치는 집이 되는 것입니다.

자신의 소유물을 남이 가지고 있는 것들과 비교하는 것

도 금물. 능력, 환경, 가족 등도 마찬가지. 누구나 타인과 비교했을 때 자신이 열등하다고 느낄 수 있습니다. 하지만 그렇다고 남을 부러워해봤자 아무것도 얻을 수 없습니다.

남과 비교하지 말고 자신의 가치관을 기준으로 행동하는 것이 중요합니다. 무엇이든 하고 싶은 일에 대해서 능력을 키우고, 가족관계를 개선하고 마룻바닥을 부지런히 닦아봅시다. 나 자신과 대면하고 소중한 것을 잘 갈고 닦는 것이 행복으로 이어집니다.

POINT

과거의 물건을 버리고 여유를 만들어
나에게 소중한 것을 잘 가꾸면 행복해진다.

정리에 숨은 세 가지 오해

✕ 정리가 서툰 자신을 '한심한 인간'이라고 생각한다

○ 지금 있는 물건은 단순한 과거의 결과

처분할 때 자신을 비난할 필요는 없다.

✕ 물건이 완벽하게 수납 정리된 집이 이상적이라고 생각한다

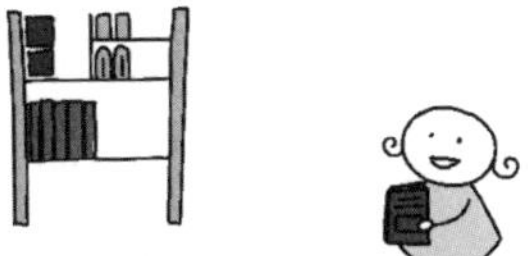

○ 수납장의 50~70% 정도를 비워두면 편하게 수납할 수 있다

✕ 남이 가지고 있는 것들과 비교해서 '나는 뒤떨어져 있어'라고 느낀다

○ 봐야 할 것은 자신이 가지고 있는 것들

14

변명은 그만 긍정적인 말을 입버릇으로

긍정적인 선택으로
심플하게 생활하세요

'어차피', '그래도', '하지만'을 버린다

정리가 잘되지 않는 이유 중 하나로 입버릇이 있습니다. 그것은 '어차피', '그래도', '하지만'이라는 변명입니다. 이 말을 쓰는 것만으로 생활 전반이 부정 모드로 바뀌는 나쁜 말입니다. 그럴듯한 변명으로 정리를 나중으로 미루게 하는 주동자입니다.

심플한 생활은 물건을 소유하는 방식도 심플하지만 그 이상으로 사고 방식이 심플합니다. 정리를 통해 홀가분하고 심플한 생활을 하고 싶다면 사고 방식을 심플하게 만들어가야 합니다.

무언가를 부정하거나 변명하는 것은 이제 그만. 우선 '어차피', '그래도', '하지만'이라는 말을 버리는 것이 포인트입니다.

일단은 간단한 선택을 연습한다

부정적인 말이나 사고 방식의 악순환에서 빠져나오기 위한 '긍정 선택'이라는 방법이 있습니다. 우울증 등 왠지 모르게 마음의 상태가 좋지 않은 사람에게도 좋은 방법 중 하나입니다. 모든 일의 좋은 면을 보는 '좋은 점 찾기' 습관입니다.

고마운 일에 자기도 모르게 '미안해서 어쩌죠'라고 말해버리는 사람은 '감사합니다'라고 말해보세요. 또 거울을 보고 '오늘도 힘내자', '나는 참 괜찮은 사람이야'라고 말해보는 것도 분명 효과가 있습니다.

정리하기 전에 '좋아, ○시까지 5분간 치우는 거야!'라고 소리 내서 말하면 머릿속에서 생각한 것을 청각으로 받아들이므로 적극적인 행동으로 이어집니다.

고전적인 방법이지만 무거운 물건을 들어 올릴 때 '영

차'라고 말하면 힘이 솟는 것과 같습니다. 혼자서 정리할 때도 '우와, 깨끗해졌다' 등의 혼잣말을 해서 이런 효과를 즐겨보는 것도 좋습니다.

작은 일상을 반복하다 보면 결국 정리력도 자랍니다. 자신이 느낀 것과 잘해낸 일을 긍정적인 언어로 말하다 보면 자연스럽게 습관이 됩니다. 긍정적인 말을 쓰다 보면 부정적으로 생각하는 버릇이 바뀝니다. 꼭 시도해보세요.

POINT

말하는 방식에 따라서 느끼는 방식과 사고방식도 달라진다.

▶ 수납 공간이 부족한 집의 경우

15

정리에 관한 이야기를 많이 한다

자신을 솔직하게 드러내면
정보와 사람이 따라옵니다

자신을 오픈한다

'부자가 되고 싶다면 돈 이야기를 많이 하는 것이 가장 좋다. 부자가 될 소질은 상속 대책과 투자 지식이 아니다'. 세무사로 일하는 어떤 분에게 들은 이야기입니다.

왜냐하면 돈 이야기를 자주 하면 돈 정보가 모이게 되어 자신에게 필요한 것이 무엇인지를 알게 되기 때문이라고 합니다. 돈 이야기를 하는 것이 부끄럽다는 선입견을 버리고 솔직하게 말하는 것이 요령인 것 같습니다.

정리도 마찬가지입니다. 정리를 잘하고 싶다면 정리 이야기를 많이 하는 것이 최고의 지름길입니다. 정리를 못해서 부끄럽다고 생각하는 마음과 죄책감을 버리도록 하세요. 해결하고 싶다는 마음을 정직하게 작은 것부터 이야기하면 좋을 것입니다.

예를 들어 '계절마다 옷 정리를 새로 하는 것이 힘들어', '핸드폰을 자꾸 아무 데나 두게 돼'와 같은 사소한 일을 입 밖으로 내는 것이 중요합니다.

내 이야기를 오픈하는 것을 '자기 개시'라고 합니다. 나를 오픈하면 할수록 주변 사람들이 당신에 대해서 많이 알게 되어 정보가 모이는 구조입니다. 말하는 동안 자신의 머릿속도 정리되어 무엇이 문제인지 재검토하는 계기가 되기도 합니다.

비록 완벽하게 해결하지 못했더라도 이야기하는 중에 정리 측면에서 당신의 문제점이 무엇인지 스스로 깨닫게 됩니다. 고민은 누군가에게 털어놓았을 때 문제의 80%가 이미 해결된 것이라는 말이 있을 정도입니다.

장래의 꿈이나 목표를 솔직하게 말할 수 있게 된다면 그 일을 도와줄 사람과 우연히 만날 수도 있습니다.

다른 사람의 힘을 빌리자

말할 상대는 가까이 있으면서 당신의 이야기를 부정하지 않고 잘 들어줄 만한 친구나 가족이면 좋습니다. 그리고 서서히 당신이 본받고 싶은 이상적인 사람을 찾아서 그 사람과 이야기할 수 있도록 노력하면 좋겠지요.

'배운다는 것은 흉내 내는 것'이라는 말처럼 정리를 잘하는 사람 옆에서 이야기를 듣거나 행동을 보는 것만으로도 큰 자극이 됩니다.

'인생은 자신이 만난 사람으로 이루어져 있다'는 말도 있습니다. 정리에 관한 이야기를 많이 해서 좋은 사람과 만나는 것은 좋은 인생을 만드는 것으로 연결됩니다.

POINT

내가 마음을 열면 상대도 속마음을 이야기한다.

고민을 털어놓는 만큼 정보도 얻는다

여러 곳에서
여러 사람에게 정리 이야기를 하면
유용한 정보를 얻을 수 있다

16

매몰 비용에 얽매이지 않는다

돈의 척도보다
자신의 가치관이 중요합니다

무료나 할인 판매에 현혹되지 않는다

누구나 무료라는 말을 들으면 자기도 모르게 마음이 움직입니다. 만약 당신이 결국은 광고가 목적인 인터넷의 무료 기사만 읽고 있다면 생각지도 않게 꼭 필요하지 않은 물건을 사게 될 위험이 있습니다.

살까 말까 망설이다가 한번 검색한 물건의 광고가 AI 시스템으로 계속해서 눈앞에 뜨기 때문에 결국 구매할 가능성이 커지는 것입니다.

덫이 잔뜩 깔린 무료 기사의 얄팍한 내용에 시간을 쓰는 것보다 편집자의 제대로 된 안목을 통과한 책이나 잡지를 읽는 것이 미래를 위해 도움이 되는 정보를 얻을 수 있습니다.

옷을 산다면 할인 판매가 아닌 계절이 시작되는 시점에 마음에 드는 것을 사서 입으세요. 오래 입을 수 있으므로 결국은 그게 이득입니다. 시기적으로 매장도 한가하기 때문에 느긋하게 고를 수 있습니다.

애착이 아닌 집착, 매몰 비용에 얽매이지 않는다

끝까지 읽지 못한 책과 유행이 지난 명품 가방 등을 처분하지 못하는 이유는 매몰 비용에 얽매여 있기 때문입니다. 매몰 비용이란 이미 지불해버려서 회수할 수 없는 비용을 말합니다.

예를 들어, 조금 읽다가 재미가 없어 팽개쳐둔 책을 버리지 못하거나 고가의 명품 가방에 지불했던 비용을 낭비였다고 인정하고 싶지 않아서 몇 년씩 그냥 갖고 있는 것입니다.

재미없는 책을 억지로 읽거나 들고 나갈 마음이 생기지 않는 가방을 옷장에 계속 넣어둔다고 해도 한번 지불한 비용은 회수할 수 없습니다. 게다가 재미없는 책을 억지로 읽으면 그 시간까지 버리게 되는 것입니다.

매몰 비용에 얽매이지 않고 자신의 가치관으로 물건을 선택하고 정리하면 돈의 척도에서 벗어나 인생에 있어서 진정 소중한 재산을 가질 수 있게 됩니다.

정리는 물건을 수납하는 것만이 아닌 '자신의 가치관과 기준을 통과한 물건에 생명을 불어넣는' 것입니다. 삶을 보다 나아지게 하는 물건과 존경할 수 있는 사람을 제대로 선택하면 당신의 인생은 깊고 풍성해질 것입니다.

POINT

'아깝다'라는 감정을 미련없이 씻어버리자.

‘아깝다’라는 마음이 손해를 키운다

뒤집어 생각하면
‘공간’도 ‘시간’도
아깝다!

매몰 비용에 얽매이지 말고
자신의 가치관에 맞게 정리하세요.

→ 이미 지불해버려서 어떻게 해도 다시 회수할 수 없는 비용

17

마구 어질러진 심각한 방이라면 과감하게 리셋하세요

60점을 몇 번 받겠다는
편한 마음으로 정리하세요

여력이 남았을 때 끝내세요

약간 어질러진 방은 '매일 하는 7분 정리'(100쪽 참고)로 깨끗하게 만들 수 있습니다. 하지만 쓰레기가 흩어져 있거나 물건으로 넘친다면 일단 한번은 물건을 치워 방을 리셋하는 것이 좋습니다.

2kg 정도의 다이어트라면 하루하루 마음가짐을 조금만 바꿔도 가능하지만 의사가 건강 상태를 지적할 정도의 비만으로 고민한다면 10kg 감량을 목표로 할 필요가 있는 것과 마찬가지입니다. 하지만 과감한 리셋도 '조금 더 하고 싶다'는 마음이 남아있는 선에서 멈추는 것이 요령. 휴일이

라도 3시간 정도 집중해서 하는 것이 한도입니다. 너무 의욕에 넘쳐서 진행하면 요요현상이 오기 쉽기 때문입니다. 정리도 다이어트와 비슷합니다.

리셋 정리의 구체적인 방법

가족과 함께 사는 경우, 집의 구역을 나눠서 1주일에 1번, 3시간 동안 1곳을 정리합니다. 구역으로 나눌 때는 방 배치와 어질러진 상태에 따라 다르지만 '3시간 동안 60점 정도로는 정리할 수 있다'를 기준으로 1구역을 정합니다.

만약 4분할을 했다면 4주에 집 전체가 끝납니다. 이 사이클을 2번 8주간, 모자라면 3번 12주간 하면 물건이 눈에 띄게 줄고 리셋이 완료될 것입니다. 가족이 함께 도울 수 있는 경우, 또 정리 전문가에게 의뢰하는 경우에도 일주일에 한 번, 3시간으로 부탁하면 무리가 없으며 스스로 정리하는 힘도 기를 수 있습니다.

싱글이라 집이 별로 넓지 않아도 구역을 나눠서 서서히 해야 요요현상을 막을 수 있습니다. 구역 분할은 원룸이나 1DK(방 1개, 다이닝, 주방)의 경우 대략 2~3구역이 기준입니다.

3시간에 60점 받을 정도로 정리할 수 있는 범위를 1구역, 또는 더러운 상태와 방의 넓이에 따라서는 1시간에 1구역으로 해도 괜찮습니다. 2~3주면 집 전체를 정리하고 이것을 2~3번 반복하면 리셋이 됩니다.

특히 젊은 사람의 경우, 일도 바깥 활동도 바쁜 경우가 많으므로 '물 쓰는 곳은 세제를 뿌린 후, 얼마간 방치 후 씻어낸다' 정도의 간단한 정리와 청소로 시작하는 것도 좋습니다.

POINT

과감한 리셋을 하려면
구역을 나눈 다음, 여러 번에 걸쳐서 정리한다.

리셋 정리의 방법

가족과 함께 사는 경우

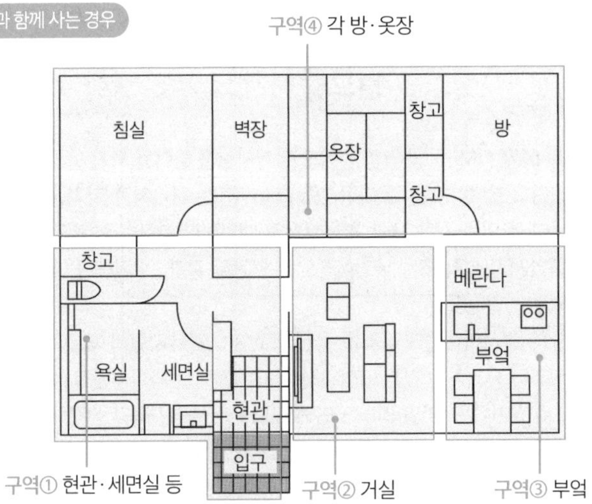

혼자 사는 경우

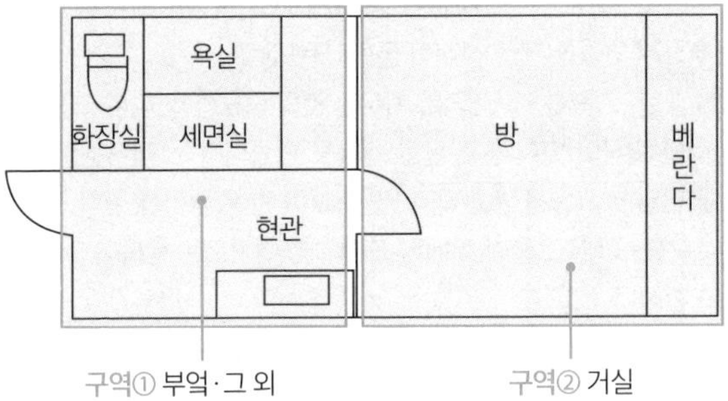

구역을 나누는 방법은 방의 배치와 더러운 상태를 기준으로 해도 OK. 어디부터 손을 댈 것인지도 기본적으로는 자유입니다.

COLUMN

자신을 긍정적으로 컨트롤하세요

'나는 위가 작다' 등의 강한 믿음으로 식사량을 줄이는 자기 암시 다이어트가 있다고 합니다. 정말 효과가 있는지 어떤지는 모르지만 '자기실현적 예언'이 효과가 있는 것은 사실. 자기실현적 예언이란 사람이 어떤 기대나 예상에 따라서 의식적 또는 무의식적으로 행동한 결과, 그 기대나 예상이 현실이 되는 것입니다.

어릴 때 '여자아이인데 정리를 못 한다'고 혼나면서 자랐기 때문에 열등감을 느끼거나 정리하는 것을 어려워하며 사는 사람은 자기실현적 예언이 부정적으로 표면화된 예입니다. 그 외에도 모두가 불경기라고 생각하면 정말 불경기가 되는 현상 등 많은 분야에서 자기실현적 예언을 볼 수 있습니다.

물론, 자기실현적 예언은 긍정적인 방향으로 발전할 수도 있습니다. 예를 들어 교사가 '발전 가능성이 큰 학생들의 이름'을 무작위로 전달받았을 때, 교사도 무의식적으로 그 학생에게 기대하게 되고, 학생도 교사의 기대에 부응해 공부하게 되어 실제로 성적이 올랐다는 것.

초등학생 한 그룹에는 '쓰레기를 치우는 것의 중요성'을, 다른 그룹에는 '이 반은 정리를 잘하고 있다'를 전달한 실험도 있습니다. 쓰레기 치우는 것의 중요성을 전달한 그룹은 개선되지 않았고 '이 반은 정리를 잘하고 있다'라고 들은 그룹은 다른 그룹에 비해서 쓰레기를 어지르는 행동이 3배나 개선되었다고 합니다.

다시 말해, 정리에 서툴더라도 '나는 점점 정리를 잘하는 사람이 되고 있다', '정리하는 것이 좋다'라고 믿어 버릴 것. 또 자기실현적 예언을 하기 위해서 '치우고 싶어', '정리되어 있어'라고 선언할 것. 자기 암시도 어떻게 이용하느냐에 따라 긍정적인 방향으로 나아가게 할 수 있습니다.

제3장

홀가분함을 유지하는 비결

TIPS 7
홀가분함을 유지하는 비결

어렵게 정리한 집인데 깨끗하게 유지하고 싶습니다.
무리하지 않고 습관화하면 실현 가능합니다.

18

정리를 '매일 할 일'과 '정기적으로 할 일'로 나눈다

정리를 매일 7분 정도 하면 깨끗한 상태를 유지할 수 있, 습니다. 매일 해야 할 정리는 세트 동작으로 습관화합니다.

19

무리하지 않는 루틴을 만든다

새로운 습관을 익히는데 3주가 걸린다고 합니다. 3일을 한 세트로 7번 반복하면 작심삼일인 사람도 습관을 몸에 익히는 3주를 보낼 수 있습니다.

20

1년 간의 집안일 계획을 효율성 있게 세운다

정리·청소를 시작으로 집안일은 빈도가 적은 것일수록 '하기 알맞은 타이밍'이 있습니다. 그러므로 정리·청소에 있어서도 연 단위의 장기 계획을 세우세요.

21

정리를 쉽게 습관화할 수 있는 시스템을 만든다

무심코 하게 되는 버릇은 없나요? 그 버릇을
긍정적으로 전환하고 환경을 그 행동에 맞추면
습관화하기 쉬워집니다.

22

소유물의 수량을 정하고 그 이상은 처분한다

물건이 적을수록 정리도 쉬워집니다.
'다른 물건으로 대용할 수 없는가'라는 관점으로
물건을 줄일 수 없을지 생각해보세요.

23

'테두리 대작전'으로 지나친 정리와 분류를 막는다

빈 상자나 플라스틱 상자에 종류별로 물건을 던져넣기만
하면 신기하게도 정리된 것처럼 보입니다.
테두리 안에 들어있으면 내용물이 정신없어도 어질러져
보이지 않는 것입니다.

24

정기적인 외압을 통해 요요현상 방지

타인이 집을 방문한다는 약속은 외압이 됩니다.
반년에 한번, 누군가를 집에 초대하도록
일정을 만들어 보세요.

18

정리를 '매일 할 일'과 '정기적으로 할 일'로 나눈다

매일 할 일은
평소 행동의 흐름을 따라
처리하면 부담되지 않아요

플러스 7분으로 0.1%의 개선을

매일 7분 정도 정리하는 습관을 갖게 되면 쉽게 깨끗한 상태를 유지할 수 있습니다. 매일 조금씩 실천하는 것이 중요하다는 점은 다이어트와 마찬가지입니다.

구체적으로는 101쪽의 표 중에서 7분 정도면 할 수 있는 작업을 골라서 매일 실행합니다. 예를 들면 '쓰레기 모으기'는 쓰레기 수거일 전날에 처리하는 등 효율성을 생각하면서 고릅니다.

익숙해지면 아침과 저녁에 7분씩 하거나 시간 여유가 있는 휴일에는 15~30분 정도 진행하면 더 좋습니다.

단 중요한 것은 지속하는 것. 너무 의욕이 넘쳐도 지속하기 힘들어요. 처음에는 길어도 7분 × 2번. 매일 0.1%씩이라도 괜찮으니까 현 상태를 개선하려는 마음이 중요합니다.

1년간 지속하면 개선은 1.44배가 되고 10년 지속하면 38.4배나 됩니다. 만약 몸 상태가 나쁘거나 바빠서 하지 못한 날이 있어도 죄책감을 느끼지 말고 다음 날부터 다시 시작하세요. 조금씩이라도 꾸준히 개선해나간다는 생각이 중요합니다.

예산에 여유가 있다면 3개월에 한 번, 반년에 한번, 또는 연말에 환풍기 청소만이라도 정리 전문가에게 정리 및 청소를 의뢰하는 것도 하나의 방법입니다. 시간과 깔끔함을 동시에 얻을 수 있습니다.

요즘 인기있는 로봇청소기는 초기 비용이 들지만, 청소기 돌리는 시간을 단축하기 위한 투자라고 생각하면 그에 걸맞은 이익을 얻을 수 있습니다. 게다가 바닥에 아무것도 두지 않게 되어 요요현상도 예방됩니다.

'하는 김에 행동'을 습관화한다

일단 물건을 처분했다면 그 이후로 정리와 청소를 지속해서 하는 것이 중요합니다. 매일 할 정리와 청소를 세트화하면 의식하지 않고도 할 수 있게 됩니다. 집안일이라고 의식하지 않고 평소의 행동 흐름 속에서 자연스럽게 처리하면 습관화되어 가사에 대한 부담감을 줄일 수 있습니다.

구체적으로는 다음과 같습니다.

- 양치질할 때 세면대를 닦는다
- 구두를 닦을 때 현관을 재빨리 청소한다

포인트는 '하는 김에', '~하면서'입니다.

POINT

너무 의욕을 부리지 말고 매일 0.1%의 개선을 꾸준히 지속한다.

하루에 7분 이내에 할 수 있는 작업을 고른다

7분 이내에 가능할 만한 것을 자기 나름대로 2~3개 선택!
익숙해지면 개수를 늘리세요

1주일에 1~2회	현관~복도~거실~ 각 방 청소기 돌리기	5분
	현관~복도~거실 걸레질	10분
	부엌 수도꼭지 닦기	1분
	욕실 타일 등의 곰팡이 제거	3분
	가스레인지 주변과 벽 닦기	3분
	거울 닦기	1분
	환풍기 바깥쪽 닦기	2분
	싱크대 문짝 닦기	5분
	냉장고 내용물 체크	3분
	냉장고 청소	5분
	집안 쓰레기 모으기	1분
	세면대 청소	3분
월 1회~ 3개월에 1회	식품 재고 정리	3분
	창문 닦기	10분
	방충망 청소	10분
	현관문 닦기	1분
	천정과 조명 기구 청소	3분
	화장실 벽·선반 걸레질	3분
반년에 1회	싱크대 밑·상부장 정리	20분
	신발장 청소	5분
	식기장 정리	10분
	커튼 세탁	10분(세탁기를 돌리는 시간 제외)
	대형 쓰레기 내놓기	3분

19

무리하지 않는 루틴을 만든다

미리 어느 정도의 정리 및
청소 계획을 세워두세요

3일을 7세트 하면 습관화할 수 있다

7분에 불과하다 해도 처음에는 정리·청소를 매일 한다는 것이 그리 간단하지 않을 것입니다.

새로운 습관을 익히려면 일반적으로 3주간, 즉 21일이 걸린다고 합니다. 다만 21일이라고 해도 시작할 때는 앞이 보이지 않는 먼 결승점으로 느껴집니다.

그러므로 3일을 1세트로 생각하고 반복한다는 마음으로 편하게 시작하세요.

3일 계속했다면 자신에게 잘했다고 칭찬해주세요. 이것을 7세트 지속한다면 21일.

습관이 몸에 배는 3주간을 보낼 수 있는 것입니다.

한 달 정리 일정을 대략 정한다

어느 정도 일정을 정해두면 대처하기 쉬워집니다. 익숙해지면 101쪽의 메뉴에서 그 날 필요한 정리를 적절하게 고를 수 있게 되지만 처음에는 어떤 것부터 하는 것이 좋을지 갈피를 잡지 못하는 것이 당연.

미리 한 달분의 정리 일정을 정해두면 매일 고민할 필요가 없으므로 효율적입니다. 이때 포인트는 4가지입니다.

① 1개월을 4주로 생각한다

한 달을 4주, 즉 28일로 생각하면 2월 빼고 2~3일 정도 남는 날이 생깁니다. 이날은 '여유분', '여백'으로 비워두고 정리 예비일로 충당합니다.

그달에 모자랐던 부분을 정리·청소에 충당할 수 있습니다. 일정을 너무 꽉 채워서 다 하지 못하는 것이 손해가 더 크기 때문입니다.

② 주말이나 휴일은 여유 날

주말은 평일보다 정리에 쓸 수 있는 시간 여유가 있으므로 평소보다 많은 일정을 넣어도 OK.

하지만 휴일 등은 아예 여유분으로 비워두세요. 이날도 정리를 못 했던 날, 또는 부족한 날을 보충하기 위한 여유분입니다.

③ 쓰레기 수거일에서 역산한다

스케줄표에는 우선 지자체나 지역별로 정해진 쓰레기 수거일을 적어 넣습니다.

신문이나 잡지 정리는 재활용 쓰레기 수거일 전날에 하기 등 효율성을 생각해서 정합니다.

④ 날짜를 전부 채우지 않는다

일정은 최소한만 정하고 그 이외는 공백으로 남겨두세요.

그날의 기분과 몸 상태에 맞춰서 할 수 있는 일을 합니다.

POINT

한 달 일정을 미리 정해두면 매일 골라서 하는 것보다 편하다.

한 달 계획표를 세운다

월	화	수	목	금	토	일
1	2	3	4	5	6	7
쓰레기 분리 수거	화장실 청소	옷장 정리	거실서랍 1개 3의 법칙으로 분류	쓰레기 분리 수거	(여유의 날)	계절용품 정리 15분 정리
	← 7분 정리 →			← 7분 정리 →		
8	9	10	11	12	13	14
공휴일 (여유의 날)	화장실 청소	화장품 정리 부엌 청소	부엌 청소	쓰레기 분리 수거	레인지 주변과 벽 닦기	(여유의 날)
	← 7분 정리 →			← 7분 정리 →		
15	16	17	18	19	20	21
쓰레기 분리 수거	화장실 청소	옷장 정리	오래된 물건을 대형 쓰레기로 배출	쓰레기 분리 수거	(여유의 날)	15분 정리
	← 7분 정리 →			← 7분 정리 →		
22	23	24	25	26	27	28
쓰레기 분리 수거	화장실 청소	그릇 정리	부엌 청소	쓰레기 분리 수거	레인지 주변과 벽 닦기	(여유의 날)
	← 7분 정리 →			← 7분 정리 →		
29	30	31				
쓰레기 분리 수거	화장실 청소	(여유의 날)				
	← 7분 정리 →					

20

1년간의 집안일 계획을 효율적으로 세운다

가족의 연간일정에 맞춰
빈도가 적은 집안일을
골라서 합니다

'적기'에 맞춰서 집안일을 한다

대충이라도 괜찮으니까 1년이라는 장기 계획을 세워보는 것도 추천합니다. 왜냐하면 정리·청소를 시작으로 집안일은 빈도가 적은 것일수록 '하기 알맞은 타이밍'이 있기 때문입니다.

예를 들면 에어컨 청소는 에어컨을 본격적으로 쓰는 여름철이 시작되기 전에 하는 것이 적기라는 것을 바로 떠올릴 수 있을 것입니다.

그 외에도 연말 정산 전에 영수증을 정리하고 아이의 학교 관련 프린트 등은 학기말에 정리하는 등 집안일도 '제

철'이 있습니다. 또 빈도가 낮은 일은 잊어버리기 쉽기 때문에 미리 시기를 정해두면 좋습니다.

예를 들면 신발장 청소는 반년에 한 번 정도 신발을 전부 꺼낸 다음, 선반의 먼지를 제거하고 더러운 곳을 닦아내면 좋습니다.

또 냉장고 정리는 기본적으로 일주일에 한 번 정도가 기준이지만 2개월에 한 번은 식품을 모두 꺼내고 닦아내면 좋겠지요. 냉동실에 계속 들어있는 식재료, 유통기한이 지난 조미료 등을 체크합니다.

이런 집안일은 평소의 루틴에 추가할 수 없으므로 자신도 모르게 잊어버리기 쉽습니다. 그러므로 어느 정도 '이 시기에 한다'라고 계획해두어야 누락을 방지할 수 있습니다.

매월 한 번 요요현상 체크

연간 계획은 대충 세워도 됩니다. 한 달을 상순·중순·하순으로 나누고 그 시기에 할 일의 체크리스트를 만듭니다.

연간 계획은 가족 구성원이나 라이프 스타일에 따라서도 달라지기 때문에 연간 행사와 여행, 진학·진급 등의 일정을 먼저 적어넣고 거기에 맞춰서 해야 할 작업을 써넣으면 좋겠지요.

또 매월 한 번은 요요현상 체크의 날을 넣을 것. '매월 마지막 금요일' 등으로 정해두면 좋습니다. 집 전체를 둘러보며 정리가 제대로 안 된 곳은 없는지, 어느새 짐이 쌓여있는 곳은 없는지 등을 확인한 후, 대응책을 생각해서 실행합니다. 나아가 계획을 3개월에 한번 재검토해서 조절하면 더 효율적인 계획표가 됩니다.

POINT

연간 계획은 대략 만들고 3개월에 한 번 재검토하여 조정한다.

연간 계획을 세운다

	1월	2월	3월	4월	5월	6월
주요 일정	연말 정산		새학년 시작			
상순	연락처 (휴대폰 정리)	세탁기 가전제품 청소	창문청소 입학 신학기 준비	겨울옷 크리닝	커튼 세탁 옷장 정리 여름옷 체크 레저용품 정리	곰팡이 대책 (욕실)
중순	명절 행사 용품 정리해서 넣기	냉장고 청소	아이방 책장 정리	냉장고 청소	에어컨 청소	냉장고 청소
하순	영수증 정리 요요현상 체크	책 정리 요요현상 체크	아이 프린트 서류처분 리바운드 체크	요요현상 체크	요요현상 체크	요요현상 체크
	7월	8월	9월	10월	11월	12월
주요 일정		여름휴가				
상순	대형쓰레기 체크 레저용품 재검토	창문 청소	방재용품 검토	에어컨 청소 겨울 이불류 준비	커튼 세탁 대형쓰레기 예약	옷장 정리 책 정리
중순	부모님댁 정리 돕기	휴가	옷장 정리 겨울옷 체크	베란다 청소 난방기구류 꺼내기	창문 청소	마지막 대형쓰레기
하순	요요현상 체크	요요현상 체크	요요현상 체크	요요현상 체크	현관 주변 환풍기 청소 요요현상 체크	크리스마스 용품 정리 설 준비 수건 속옷류 바꾸기 요요현상 체크

21

정리를 쉽게 습관화할 수 있는 시스템을 만든다

자신을 바꾸는 것보다
환경을 바꾸기가 쉽습니다

좋지 않은 습관에 맞춘다

요요현상 체크를 하거나 일상생활을 하다보면 '정해진 장소에 정리하기 어렵다'라는 것을 느끼게 됩니다.

예를 들면 '아이가 책가방을 자꾸 거실에 던져둔다'와 같은 고민입니다. 으레 한숨을 쉬면서 '잔소리를 해도 자기 방에 갖다 두지 않아요'라고 이야기하지요.

하지만 아이는 거실에 두는 것이 편하므로 그렇게 하는 것입니다. 특히 초등학생이라면 아직 자기 방보다 거실에서 생활하는 시간이 많습니다. 그렇다면 거실에 책가방 자리를 만들면 됩니다. 바닥에 던져두면 짜증이 나지만 제자리에 둔다면 문제될 것이 없으니까요.

막 신혼생활을 시작한 분이 정리 강좌에 참여했는데 남편이 치약을 왼쪽에 놓는 것 때문에 고민이라고 하더라고요. 오른쪽에 멋스러운 선반이 있는데 아무리 이야기해도 남편이 왼쪽에 둔다는 거예요. 결국 왼쪽에 세면실과 어울리는 디자인의 치약 자리를 만들어서 해결했습니다.

정리에 한정된 이야기는 아니지만 '습관화'에는 자신을 바꾸는 방법과 환경을 바꾸는 방법이 있습니다. 둘 중 더 간단한 방법은 환경을 바꾸는 것입니다.

'자기도 모르게 그렇게 해 버린다'라는 것에는 그 나름의 이유가 있으므로 환경을 바꾸는 방법도 생각해보세요. 중요한 것은 자신의 행동을 관찰해서 무심코 하게 되는 바람직하지 않은 습관이 무엇인지 깨닫는 것.

그리고 그 습관을 긍정적으로 바꿀 수 있도록 궁리하는 것입니다. 습관화된 버릇을 바꾸는 것은 어려우니 환경을 습관에 맞추는 것입니다.

사용 장소에 '시간 순서'로 놓아 둔다

환경을 바꾸는 일반적인 방법은 '수건류·속옷류는 탈의실에 둔다', '외출할 때 필요한 집 열쇠는 현관에 둔다' 등이 있습니다.

옷을 개서 수납하는 것이 힘들다면 개지 않고 넣을 수 있도록 수납하는 것을 고민해 보세요. 자주 쓰는 물건은 사용한 후에 앞에서부터 '시간 순서'대로 놓을 수 있게 궁리하면 넣고 꺼내기 쉬워집니다.

POINT

이미 형성된 습관도 잘 이용하면 정리가 쉬워진다.

바람직하지 못한 습관을 긍정적으로 전환한다

자신의 행동을
관찰

자신의 행동 버릇을
깨닫는다

그 습관을 긍정적으로
전환할 궁리를 한다
=
환경을 바꾼다

정리 습관이 된다

22

물건 수량을 정해두고 그 이상은 처분한다

미리 수량을 정해두면
쓸데없는 쇼핑도 줄어듭니다

수납 비용을 계산해본다

물건은 적으면 적을수록 정리하기 쉬워지고 공간도 넓어집니다. 이것을 알면서도 물건을 줄이지 못한다면 수납 비용을 생각해보세요.

예를 들어 집의 바닥 면적이 80m^2라고 할 때, 보이는 바닥의 넓이는 어느 정도인가요? 만약 60m^2라면 수납만으로 바닥의 약 4분의 1인 20m^2를 사용하고 있다는 것이 됩니다.

방 하나를 만들 수 있을 정도의 넓이입니다. 비용면에서 따져보겠습니다. 만약 월세가 120만 원이라면 매월 물건을 두기 위해서만 30만 원이나 지급하고 있는 것이지요. 물건을 많이 소유하는 것이 얼마나 낭비인지 알 수 있는 계산이 아닐까요?

돌려쓸 수 있는 물건과 범용성이 높은 물건

물건이 적으면 사람은 부지런히 행동하게 됩니다. 예를 들면 젓가락과 식기가 가족 수만큼 밖에 없으면 설거지를 바로 해야 다음 식사 때 사용할 수 있습니다. 그러니까 '설거지는 먹은 즉시'라는 행동으로 이어지기 쉬운 것이지요.

117쪽의 표에서는 물건 수량의 기준을 소개했습니다. 라이프스타일 등에 따라서 달라지기 때문에 똑같이 맞출 필요는 없지만 참고해보세요.

물건에 따라서 다르지만, 미니멀리스트의 경우에는 가족 수만큼, 표준은 가족 수에 추가 2개 정도가 기준입니다. 살펴보면 예상했던 것보다 더 적다고 느껴지지 않나요?

그렇지만 더 과감하게 수량을 줄여도 특별히 불편하지 않습니다. 처분 여부를 판단할 때 '다른 물건으로 대신 쓸 수 있지 않을까'를 생각해보는 시점도 있습니다. 예를 들어

대·중·소의 냄비가 있다면 자주 요리하는 음식에 따라 2개 사이즈만으로도 가능하지요.

접시도 서양스타일과 동양스타일 중 어느 것을 선택해서 갖고 있어야 할지 망설여진다면 동양스타일을 선택할 수도 있습니다. 동양스타일 식기는 범용성이 높으며 양식에도 돌려쓰기 쉽기 때문입니다. 또 컬러는 흰색, 디자인은 심플한 것이 일반적으로 범용성이 높다고 말할 수 있습니다.

POINT

물건 수를 재검토하면 정리와 절약으로 이어진다.

물건 수의 기준

구분	물건	표준싱글	미니멀 리스트 싱글	표준 4인가족	미니멀 리스트 4인 가족
의류	속옷 위	7	3	28	12
	속옷 아래	7	3	28	12
	양말	7	5	28	20
	코트	2	1	8	4
	자켓(상의)	5	3	20	12
	수트 또는 원피스	7	3	28	12
	가디건	2	1	8	4
	스커트 또는 바지	7	5	28	20
	패션 소품 (벨트 모자 숄 등)	10	5	40	20
	티셔츠	5	2	20	8
	가방	4	3	16	12
	스타킹	10	5	20	10
	합계	73	39	272	146
식기	접시 소	2	1	10	4
	접시 중	2	0	10	4
	접시 대	2	0	10	4
	접시 플레이트	2	1	5	4
	깊은 접시	4	1	8	4
	젓가락	2	1	10	4
	나이프	2	1	10	4
	포크	2	1	10	4
	머그컵	2	1	10	4
	전기압력솥	1	0	1	1
	손님용 커피잔	2	1	7	4
	합계	23	8	91	41
조리도구	프라이팬	3	1	3	1
	냄비 소	1	1	2	1
	냄비 대	1	0	2	1
	국자	1	1	2	1
	채반	2	1	3	1
	칼	2	1	3	3
	합계	10	5	15	8

23

'테두리 대작전'으로 지나친 정리와 분류를 막는다

정리에 너무 신경을 쓰면
요요가 오기 쉬워요
느슨한 정리가 더 낫습니다

테두리 안으로 휙휙 던져 넣는다

정리가 서툰 사람을 일단 정리를 잘하는 사람처럼 보이게 해주고 요요현상을 방지하는데 효과적인 것이 바로 '테두리 대작전'입니다.

정리가 서툰 것은 가지런하게 정리해서 넣는 것이 귀찮기 때문이기도 합니다. 이때 빈 상자나 플라스틱 케이스 등에 물건의 종류별로 던져 넣으면 되는 정리 방법인 '테두리 대작전'을 쓰면 이것만으로 정리된 것처럼 보입니다.

그 이유는 '테두리 안에 들어있기 때문'. 내부가 조금 조잡스럽더라도 테두리가 있기 때문에 지저분해 보이지 않습니다.

약, 바느질 용구, 손톱깎이, 면봉 등의 위생용품, 리모컨류, 걸레 등의 청소용구, 세제류, 서류나 편지, 책상 위 필기도구 등 박스에 보관하면 편리한 물건은 너무나 많습니다. 시간 여유가 있다면 무엇이 들어있는지 적어서 라벨을 붙여두면 더욱 좋습니다.

같은 종류의 물건별로 수납했기 때문에 물건을 찾기 편해진다는 장점도 있습니다. 갑자기 몸 상태가 안 좋아지면 약 상자 안을 찾아보면 됩니다. 만에 하나 지진 등으로 피난해야만 할 때도 필요한 케이스를 바로 들고 나가기 쉬워집니다.

코르크 보드로 테두리를 만든다

'테두리 대작전'은 있는 물건을 또 사버리는 낭비를 막는데 효과가 있습니다.

같은 색과 모양의 박스로 통일해서 가지런히 놓으면 더욱 정리되어 보이겠지만 처음에는 너무 무리하지 말고 집에 있는 박스를 이용하는 것을 추천합니다.

'테두리를 의식한다'는 것은 상자뿐만 아닙니다. 예를 들어 냉장고 옆면에 자석을 이용해서 덕지덕지 붙여놓은 포인트 카드와 프린트류, 벽 한면에 압정으로 고정시켜 둔 사진도 코르크 보드로 옮겨서 붙여주면 깔끔해집니다.

이것은 코르크 보드 자체가 테두리가 되기 때문입니다. 코르크 보드에 다소 비뚤어지게 붙어 있는 것조차 신기하게 세련된 디자인으로 보입니다.

POINT

테두리로 둘러싸기만 해도 정리된 느낌이 든다.

▶ **정신없는 거실 테이블**

▶ **깨끗하게 정리된 테이블로 변신**

24

정기적인 외압을 통해 요요현상 방지

타인과 아웃소싱의 힘으로
요요현상을 방지하세요

외압을 잘 이용한다

정리의 요요현상을 막는데 가장 좋은 것은 이사입니다. 한 집에 오래 거주한 사람일수록 아무래도 물건이 늘기 마련. 이렇게 짐이 쌓여 막막할 때 이사로 기분 전환이 되기도 합니다.

하지만 이사는 자기 소유의 집이라면 어렵고 시간과 돈을 써야하므로 자주 할 수 있는 것은 아닙니다.

제일 간단한 것은 정리 수납 전문가의 도움을 받는 것이겠지요. 방문하는 어드바이저의 수와 시간, 물건의 상태에 따라서 다르지만 10만 원 정도부터 의뢰할 수 있습니다. 제 경험상 이런 정리 서비스를 의뢰하는 많은 분들이 저희들이 방문하기 전에 정리를 시작합니다.

'정리하지 않으셔도 됩니다'라고 말씀드려도 이런저런 정리를 해두시기 때문에 거꾸로 '이것을 해 두세요'라고 사전에 하실 수 있을 만한 과제를 전달하게 되었습니다.

이것은 '방문자 효과' 또는 '마감 효과'라고 부릅니다. 누군가가 온다는 '약속'을 해서 정리를 게을리할 수 없는 상태를 만드는 것입니다. 통틀어서 '외압'이라고 하는데 그 효과는 정말 큽니다.

정기적인 기회를 만든다

바쁜 사람이라도 연말에는 대청소를 합니다. 하지만 1년에 한 번만 청소하면 너무 간격이 벌어져서 요요현상이 생기기 쉽습니다. 그러므로 일 년의 한가운데인 6월쯤에 에어컨이나 환풍기 청소업체를 부르면 좋습니다.

업자와의 약속이 '외압'으로 작용해서 에어컨이나 환풍기가 있는 방을 정리하는 강제력이 됩니다.

또 홈파티를 열거나 친척을 부르는 등 손님 초대 일정을 반년에 한 번씩 넣으면 아주 효과적입니다.

다만 별로 사교적이지 않은 분들에게는 손님 초대가 어려울지도 모릅니다. 이런 경우엔 편하게 이야기할 수 있는 가족이라도 괜찮으니까 정기적으로 초대해서 정리할 때 옆에 있어달라고 하세요. '사회적 촉진' 현상이라는 것으로 옆에 사람이 있는 것만으로도 작업이 잘 진행됩니다.

정리는 본래 고독한 작업이지만 혼자서는 좀처럼 잘 진척되지 않습니다. 외압을 현명하게 이용해서 요요현상을 방지하세요.

POINT

정리하지 않으면 안 되는 상황을 강제적으로 만들어두면
요요현상을 막을 수 있다.

정기적인 외압을 만든다

이사한다

정리 수납 서비스를 이용

에어컨이나 환풍기 청소업체를 부른다

손님을 초대한다

COLUMN

남성과 여성은 물건의 소유방식이 다르다

직업상 많은 사람의 정리에 대한 고민을 듣거나 물건을 소유한 방식을 볼 기회가 있는데 물건을 소유하는 방식에는 대략적인 남녀의 경향이 있는 것 같습니다.

▶물건을 버리지 못하는 이유가 다르다

남성은 물건을 컬렉션, 즉 수집하는 사람이 많습니다. 버리지 못한다기보다는 수집해서 계속 소유하고자 합니다. 사용하지 않지만 갖고 있다는 것에 의미를 두는 경우가 많습니다.

반대로 여성은 유행하는 물건이나 과거에 비싼 돈을 주고 산 물건, 다시 쓸지도 모른다고 생각하는 물건 등을 '버릴 수 없어서' 정리를 못 하는 사람이 많습니다.

▶과거의 연애에 대한 남녀 차

전 남자친구, 전 여자친구와의 추억의 물건에 대해서도 남녀 차가 있습니다. 남성은 전 여자친구에게 받은 물건은 버리지 않고 계속 갖고 있는 경우가 많습니다. 이미 새 여자친구가 생겼는데도 전 여자친구의 물건을 로맨틱한 추억으로 생각하는 사람도 많이 봤습니다.

여성의 사고방식은 컴퓨터 작업으로 말하면 '덮어쓰기'. 전 남자친구는 안중에 없고 지금 남자친구가 최고라고 생각합니다. 그래서인지 과거의 남자친구와의 추억의 물건은 이사나 새로운 생활을 시작할 때 망설임 없이 버리는 사람이 많습니다. 새로운 생활과 환경에도 잘 적응한다고 말할 수 있습니다. 전 남자친구의 물건을 계속 갖고 있는 사람도 미련이 있어서가 아니라 액세서리라면 '비싼 거니까'라든지 '디자인이 예뻐서' 등, '현재의 자신'을 꾸미는 아이템으로 소유하는 경우가 많았습니다. 어디까지나 제가 만난 분들을 기준으로 차이를 말씀드렸습니다.

제4장

물건으로부터 홀가분해진다

TIPS 9
물건으로부터 홀가분해진다

집에 돌아온 순간, 피로가 훅 몰려오는 사람은
물건의 소유법과 정리에 적신호가 켜진 것입니다.
자신의 취향을 파악하고 물건을 줄여가세요.

25

옷을 줄이면 자신의 취향이 보이기 시작한다

옷이 늘어나는 것은 선택 기준을 갖고 있지 않은 것이 원인. 자신의 취향을 모르겠다면 옷의 가짓수를 줄여보세요.

26

책 분류는 읽고 싶은 순으로

책을 좋아하는 사람은 나만의 책장을 만든다는 생각을 하면서 정리합니다.

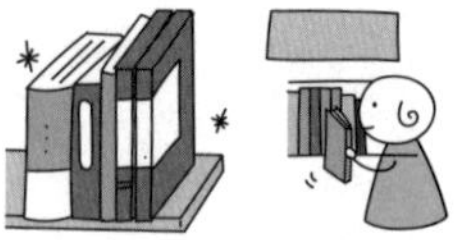

27

서류·종이류는 철저하게 줄인다

서류·종이류는 기본적으로 처분하되 걱정되는 것은 사진으로 찍어둡니다.

28

냉장고에 만든 음식을 보관하는 것보다 그때그때 다 먹는 것이 우선

냉장고는 마법의
상자가 아닙니다.
꽉 채워 넣지 말고
단기간만 보관하세요.

29

동선에 주목해서 '힐링되는 집'을 만든다

귀가 후 동선을 따라
①집 주변
②현관
③복도
순으로 먼저
정리하세요.

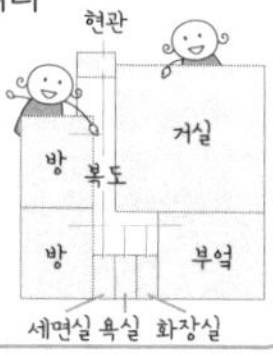

30

자신만의 공간은 미래의 나를 위한 투자

정리로 생긴 공간에
나의 전용 책상을 두세요.
전용 책상이 있으면 집중력이
올라갑니다.

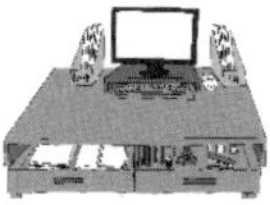

31

의외로 어려운 가방 선택과 정리 요령

가방은 업무용, 쇼핑용 등
행선지 수만큼
있으면 충분.
또 어디에 가든 지참해야 할 것은 백인백에 한데 모아두세요.

32

귀중품·중요품은 사진으로 찍어서 관리한다

귀중품과 중요품은 리스트화하고
보관 장소를 가족과 공유합니다.

33

부모님 집 정리는 효도 + 상속 대책

부모님이 건강할 때 함께 부모님
집을 정리하는 것이
후회가 없습니다.

25

옷을 줄이면 취향이 보이기 시작한다

계절이 바뀔 때마다
정리할 필요가 없을 정도로
옷을 엄선하는 것이 요령입니다

옷이 늘어나는 것은 남의 눈을 신경 쓰기 때문?

자신의 취향이 아닌 옷을 잔뜩 가지고 있는 사람이 있습니다. 스포티한 스타일을 좋아하는데 근사한 옷도 갖고 있는 등의 패턴입니다.

별로 입지도 않는 옷이 늘어나는 것은 자신의 선택 기준 없이 타인의 취향이나 유행에 좌우되었다는 증거입니다. 본인의 취향에 자신감을 갖는 것은 어려운 일이지만 본래 취향에는 정답·오답이란 존재하지 않습니다.

만약 자신의 취향을 모르겠다면 옷의 수량을 줄여보세요. 그러면 내 취향이 무엇인지 보이기 시작하기 때문입니다. 그 결과, 스스로 자신감을 갖게 되는 선순환이 생기는 것입니다.

정리가 서툰 사람은 1년분 옷을 옷장에 전부 수납하는 것이 좋다

옷의 가짓수를 줄일 때의 기준은 '옷장에 들어가는 만큼'입니다. 거기에 어깨 폭 정도의 빈 공간을 남길 수 있다면 대성공. 혹시 옷장에 들어가지 않는 옷을 이동식 행거에 걸어둔다면 우선 그 행거부터 버리세요. 정리가 서툰 사람은 계절마다 옷을 넣고 꺼내는 것을 피하는 것이 좋습니다. 옷장에 1년분의 옷 전부를 수납하는 것입니다. 재킷, 셔츠(블라우스), 바지(치마), 신발. 이 4가지가 각각 4개씩 있으면 그것만으로 계산상 256가지 방법으로 맞춰 입을 수 있습니다.

다시 말해, 주 5일 근무라면 1년분의 출근복을 해결할 수 있다는 말입니다. 옷은 의외로 많이 필요하지 않다는 것을 알 수 있습니다. 옷은 5종류로 나눌 수 있는데(133쪽) 남길 것은 오직 '입는 옷'.

문제는 피아노 등의 학원발표회에서 입었던 옷, 결혼식 같은 관혼상제용처럼 '추억의 옷'이나 '격식 차린 옷'입니다. 이것들이 필요한 것은 1년에 한두 번이므로 옷걸이에 걸어 옷장에 넣어둘 필요는 없습니다.

통풍이 잘되는 수납 박스에 담아 안쪽에 보관하는 것으로 충분합니다. 그 외 옷 수납의 요령은 다음과 같습니다.

• 서랍은 50%만 채우기

서랍은 안쪽이 보이지 않기 때문에 정리가 서툰 사람은 개지 말고 앞쪽 반만큼만 수납합니다.

• 옷걸이 수량을 정한다

옷의 수량을 정하고 마음에 드는 옷걸이를 산 후, 그 이상 늘리지 않습니다.

POINT

옷은 어떻게 맞춰 입을지 궁리한다. 많은 양이 필요하지 않다.

옷은 한눈에 들어오는 양으로 줄인다

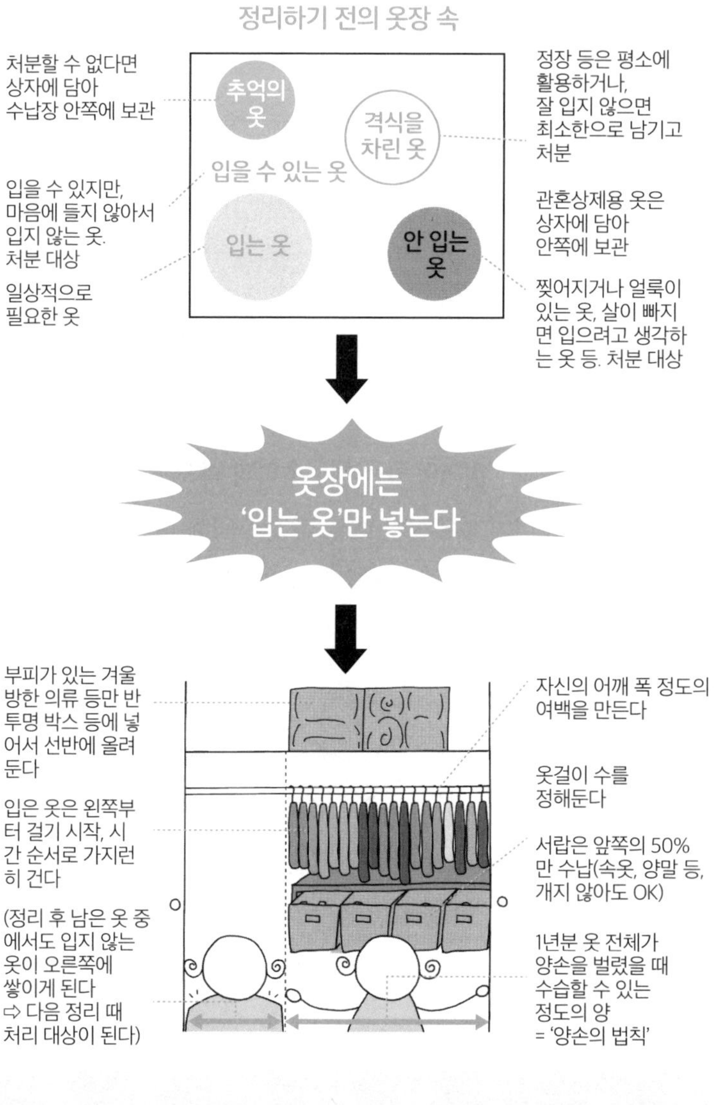

26

책 분류는 읽고 싶은 순으로

책을 정리하고 분류하는 동시에
읽을 수 있는 시간을 확보하세요

'읽고 싶은 책', '읽어야 하는 책', '추억의 책'으로 나눈다

책은 정보이기 때문인지 다른 물건에 비해 버리는 것이 너무 힘들다는 사람, 버릴 책을 못 고르겠다는 사람이 많습니다.

정리 기술 중 하나로 장르별로 나누기, 책 사이즈별로 나누기, 표지의 색깔별로 나누기 같은 방법이 있습니다. 사진집 등은 인테리어 소품으로 활용하는 경우도 있습니다.

이런 수납 기술 중심의 정리법은 일반적이지만 독서를 좋아하는 사람이 따라하다보면 순식간에 좌절하게 됩니다. 책을 좋아하는 사람에게 책은 읽어야만 가치가 있습니다. 다시 말해 책은 '갖고 있다'가 아니라 '내면에 적용하는 것'이 중요한 것입니다. 그러므로 가치와는 별개의 기준으로 꽂아놓으면 이중 기준이 되어버려 마음이 혼란스러워집니다.

책을 좋아하는 사람에게 지금 읽고 싶은 책은 자신이 꿈꾸는 모습이 활자화된 것입니다. 다이어트하고 싶은 사람은 다이어트 책, 영어회화를 잘하고 싶은 사람은 영어회화 책이 지금 읽고 싶은 책이겠지요.

그러므로 책을 좋아하는 사람은 '읽고 싶은 책', '읽어야 하는 책', '추억의 책'으로 나누면 좋을 것입니다. '읽고 싶은 책'은 솔직하게, 읽고 싶은 순서대로 꽂으면 세상에 하나뿐인 나만의 책장이 완성됩니다.

'읽어야 하는 책'은 업무 등으로 필요한 책입니다. 읽고 싶은 책과 구분해두면 머릿속이 홀가분해집니다. '추억의 책'은 메모를 많이 해두었거나 온통 밑줄을 친 책 등입니다.

당장 다시 읽지는 않겠지만 소중한 추억입니다. 추억 코너로 옮겨놓으면 지금 읽고 싶은 책이 한층 더 명확해집니다.

책 읽을 시간을 확보한다

책을 좋아하는 사람은 책이 정리되지 않은 것보다 책을 못 읽는 것에 스트레스를 느낍니다. 책을 좋아하는 사람에게 활자는 밥과 마찬가지입니다. 안 먹으면 심신에 영향을 준다고 생각하고 읽을 시간의 확보를 우선으로 하세요.

영화를 좋아하는 사람이 극장이나 집에서 느긋하게 시간을 들여 영화를 보는 것처럼 책을 좋아하는 사람도 책을 읽기 위해서 충분한 시간을 만들어보세요. 또 요즘은 전자책도 일반화되어있으니 고려해보기를 권합니다.

POINT

최고의 책 정리법은 내 마음을 따라 책을 꽂는 것.

책 분류법

내가 생각하는 가치에 따라 분류하기

읽고 싶은 책

내가 읽고 싶은 책

읽고 싶은 순서대로 꽂아놓으면 나만의 책장 완성

읽어야 하는 책

업무 등으로 필요한 책

읽고 싶은 책과 분리해두면 머릿속이 홀가분해진다

추억의 책

활용한 참고서 등

추억 코너로 옮겨두면 읽고 싶은 책이 한층 명확해진다

27

서류 · 종이류는 철저하게 줄인다

종이는 데이터화하면
줄일 수 있습니다

영수증 · 사용설명서의 보관 기간

서류·종이류 중에서도 제일 관리하기 어려운 영수증. 특히 '언제까지 보관? 공공요금 등의 영수증 관리'라는 기사는 제 블로그에서도 높은 조회 수를 기록했습니다.

물건 구입이나 학원비 등은 1년, 공과금, 과태료 등은 5년, 차용증, 부동산 매매 영수증은 10년 정도 보관을 권합니다.

연금 가입기록 안내장도 현재의 정보를 갖고 있는 것이 좋기 때문에 전부 보관해둡니다. 초고령화 사회에서의 연금은 앞으로 어떤 변화를 겪을지 모르기 때문입니다. 다음으로 사용설명서. 컴퓨터나 텔레비전, 냉장고 등 매일 자주 사용하는 것은 구입한 후 얼마간 그 가전 옆에 보관했다가 익숙해졌을 때 처분하세요. 요즘은 브랜드 홈페이지에 설명서가 게재되어 있는 가전제품이 많아졌습니다. 인터넷으로 검색할 수 있으므로 종이 설명서가 거의 필요하지 않습니다.

USB 메모리나 드라이기 등 보증기간도 짧고 사용법이 단순한 것은 구입 후 바로 버려도 난처해질 일은 없습니다. 구입 후 5년 이상 경과된 오래된 가전의 사용설명서도 처분하기를 권합니다.

사진 정리

스마트폰으로 찍은 사진은 짬이 날 때 마음에 드는 것만 앨범으로 옮겨놓으세요. 기본적으로는 테마별보다 새로 찍은 것 순으로 정리하면 시간 순서대로 간단하게 정리되므로 추천합니다.

마음에 드는 사진은 제대로 출력해서 장식합니다. 데이터나 인화된 사진을 인터넷이나 택배로 보내면 한 권의 책자로 만들어주는 서비스도 있으므로 잘 이용하면 편리합니다.

기억이 잘 나지 않는 사진이나 의미가 없다고 생각하는 사진은 처분해도 좋습니다. 잘 체크하면 보관해야 할 것은 의외로 적습니다. 걱정되는 것은 사진으로 찍어서 데이터로 남겨두면 됩니다.

POINT

영수증, 상품설명서는 처분 대상.
사진은 마음에 드는 것만 출력해서 장식한다.

서류 · 종이류는 시기를 정해서 처분한다

서류 · 종이류

사진

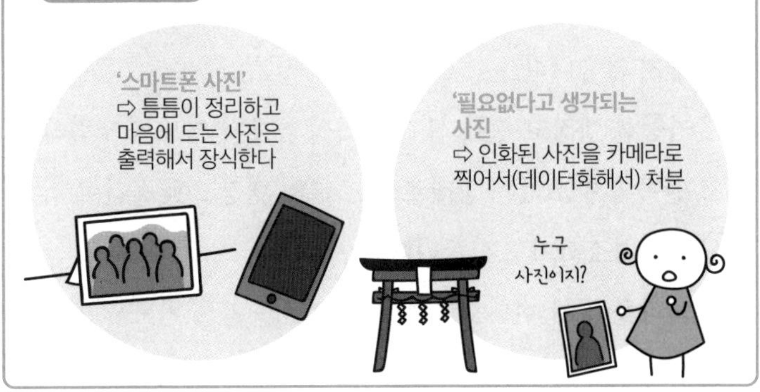

28

냉장고에 음식을 보관하기보다 그때그때 다 먹는 것이 우선

냉장고에 넣어두면
상하지 않는다고 생각하고
있지 않나요?

냉장고는 식생활의 거울

냉장고를 보면 그 사람의 식생활을 확실하게 알 수 있습니다. 식생활뿐만 아니라 청소 빈도와 장 보는 스타일 등도 모두 드러납니다. 냉장고는 공기의 대류에 의해 전체가 차가워지기 때문에 아무리 좋은 제품이라도 잔뜩 채워 넣으면 좋지 않습니다.

가능한 냉장고 속에 물건을 가득 채우지 않도록 노력하고 안쪽까지 보이는 상태로 만드세요. 냉장고에 물건이 적어지면 청소하기도 편합니다.

외식을 많이 한다고 해도 한 달에 한 번은 반드시 깨끗이 닦아내면 좋습니다. 알코올 스프레이를 뿌려서 닦으면 제균도 됩니다(화기와 환기에 주의) 음식에 닿아도 안전한 제품을 사용하면 좋겠지요.

더러운 부분을 청소할 때 사은품으로 받은 물티슈 등을 활용하면 편하게 청소할 수 있어요. 도시락을 사면 따라오는 일회용 티슈나 길거리에서 나눠주는 휴지 등을 냉장고 옆에 모아두면 좋겠지요.

정리가 서툰 사람은 '남기지 않고 전부 먹는 것'을 목표한다

정리 의뢰를 받고 방문했을 때 자주 놀라는 것은 말도 안 되는 음식이 냉장고에 들어있는 것입니다. 5년 전쯤 냉동한 생선이나 6개월 전에 넣어둔 요구르트, 언제 넣은 것인지도 모르는 보관 용기에 담긴 절임 식품 등입니다. 저는 이것을 '냉장고 신화'라고 부릅니다. 냉장고는 마법의 상자가 아닙니다.

만들어둔 요리나 공기를 잘 빼지 않고 냉동한 것은 짧은 기간만 보관할 수 있기 때문에 관리가 서툰 분에게 권하지 않습니다.

그보다는 데치거나 굽는 등 심플한 조리법으로 재빨리 만들어서 남기지 말고 먹도록 하세요. 조미료도 많은 종류가 필요하지 않습니다. 소금, 후추, 간장, 맛술만 있어도 응용해서 제법 많은 요리를 즐길 수 있습니다.

또 혼자 살거나 부부만 산다면 소스나 케첩은 유통기한 내에 다 쓸 수 있는 작은 사이즈를 구입하세요. 만약 지진 등의 비상 상황에서 전기가 들어오지 않는다면 냉장고는 그저 큰 상자에 불과합니다. 비상식은 상온에서 보관 가능한 것으로 충실하게 준비하는 것이 현명합니다.

POINT

냉장고를 과신해서 장기 보관하거나
물건을 너무 꽉 채워 넣지 말자.

—∘ 냉장고는 신선한 음식을 청결하게 유지하는 장소 ∘—

29

귀가 후 동선에 주목해서 '힐링할 수 있는 집'을 만든다

현관과 복도를 먼저 정리하면
힐링 효과가 높아집니다

거실보다 현관·복도가 우선

정리가 서툰 사람에게 추천하고 싶은 귀가 후 동선을 따라 진행하는 정리법이 있습니다. 하루 종일 밖에서 활동하고 지친 몸과 마음으로 집에 들어왔는데 현관이 지저분하다면 피로는 더 쌓입니다. 짜증이 날 수밖에 없겠지요.

거꾸로 말하면 집에 돌아왔을 때 먼저 눈에 들어오는 집 주변, 현관, 복도가 깨끗하게 정리되어 있으면 마음이 놓입니다. 집에 돌아왔을 때 힐링 효과가 높아집니다.

귀가 후 동선을 따라서 ①집 주변 ⇨ ②현관 ⇨ ③복도를 정리하면 정리의 기능도 향상되고 더 정리하고 싶은 마음도 생겨납니다.

거실, 주방은 너그러운 마음으로 지켜본다

이어서 ④세면실 ⇨ ⑤욕실 ⇨ ⑥화장실 순으로 좁아서 성취감을 바로 얻을 수 있는 구역, 다음으로 ⑦침실 등 각 방 ⇨ ⑧거실 ⇨ ⑨부엌으로 진행합니다.

거실은 테이블 구역, 텔레비전 구역 등으로 다시 작게 나눠서 진행하면 더 쉽게 할 수 있습니다. 부엌처럼 품이 드는 공간은 눈에 잘 띄는 설거지대나 가스레인지 주변 등 평면을 넓게 보여준다는 생각으로 대처합니다.

정리할 때 요령은 '면'을 많이 보이게 하겠다는 의식을 갖는 것. 식탁과 바닥은 면이 많이 드러나게 하는 것이 기본입니다.

청소할 때에도 귀가 후의 동선을 생각하면 효과적입니다. 동선상에 청소 도구를 놓아두면 청소를 시작하기 쉬워지니까요.

청소할 때도 면을 의식합니다. 식탁 위 등의 면을 행주질하는 것과 동시에 텔레비전의 화면이나 관엽식물의 잎 사귀도 면이니 청결하게 닦아주세요. 단 몇 초의 수고로 면을 깨끗하게 하면 큰 개운함을 느낄 수 있습니다.

집 정리와 청소에는 가족의 협조가 필요합니다.

하지만 아무리 잔소리를 해도 습관을 들이기는 쉽지 않습니다. 그럴 땐 '식탁 위에는 물건을 놓지 않는다'와 같은 최소한의 규칙을 정하고 지키도록 합니다. 이것이 가능해지면 다음 규칙으로.

이렇게 긴 안목으로 보는 것이 중요합니다. 가장 어질러지기 쉬운 곳은 거실과 부엌. 하지만 이곳에 가족이 모인다는 것은 좋은 관계를 맺고 있다는 증거이기도 합니다. 너그러운 마음으로 지켜보세요.

POINT

면을 많이 드러내려고 의식하면 정리가 잘 진행된다.

귀가 후의 동선 순으로 정리한다

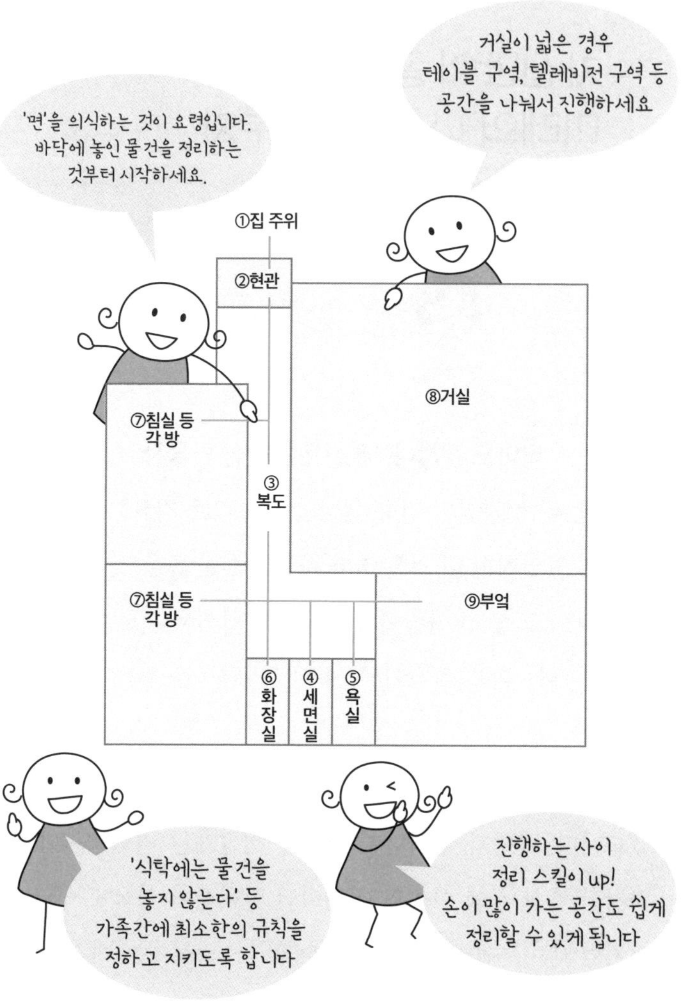

30

자신만의 공간은 미래의 나를 위한 투자

어른이라도 '자신만의 공간'이 꼭 필요합니다

작아도 괜찮다. 내 전용 책상을 만들자

지금, 집에 자신의 전용 책상을 갖고 있는지요? '아이와 남편 것은 있지만 내 것은 없다'라는 여성이 많을 것입니다. 사실 저도 그 중 한 사람이었습니다. 독립해서 혼자 살기 시작했을 때는 작은 식탁이 식사·공부·업무를 하는 장소였습니다.

가족이 생긴 후 사이즈는 커졌지만, 식탁에서 일하고 있었습니다. 아이가 태어나기 전에는 어떻게든 버텼습니다. 하지만 출산 후엔 아이의 어린이집 안내장이 식탁에 산더미처럼 쌓여 수습하기 어려워졌습니다. 당시에는 시간 단축 근무를 했기 때문에 집에 돌아와서도 업무를 해야 했습니다.

그래서 식탁에는 어린이집 안내장에 더해 업무 자료까지 너저분하게 뒤섞여있었습니다. 그릇을 올려놓을 공간만 비워놓고 식사를 하는 상태였지요.

그러다가 '이대로는 안 돼!'라고 결심하고 거실을 정리, 그 한구석에 작은 책상 자리를 만들었습니다. 현재 제 직업인 정리 어드바이저는 이 책상에서 했던 공부가 밑바탕이 되었지요.

자신만의 공간을 갖는 것은 누구에게나 중요합니다. 내 전용방을 갖는 것은 무리라고 하더라도 책상은 포기하지 마세요. 거실 한쪽이나 복도 끝이라도 좋습니다. 정리로 만든 공간에 자신의 전용 책상을 놓는 것입니다.

좋아하는 분야 공부를 하든, 업무 관련 일을 하든 독서나 취미 생활을 하든 전용 책상이 있으면 집중력의 질이 달라집니다.

특히 주부들은 식탁을 책상으로 사용하게 되기 쉽지만, 전용 책상을 마련하고 취미 활동, 가계부 쓰기, 독서 등 하고 싶은 일을 하시기 바랍니다. 짧은 시간이라도 나만의 장소에서 보내면 마음의 여유가 생깁니다. 이것은 미래의 자신에 대한 최대의 투자 시간입니다.

책상은 물건을 올려두는 곳이 아니다

가능한 책상의 윗면을 많이 확보해야 작업이 편해집니다. 바쁘면 자료와 도구를 어수선하게 올려놓기 쉽지만 서랍이나 파일박스 등을 이용해서 가능한 책상의 면을 넓게 확보하도록 하세요 (오른쪽 그림).

어떤 일을 시작하기 전에 책상 위를 치워야 한다면 의욕이 상실되어 버리기 쉽거든요.

POINT

무엇이든 바로 시작할 수 있는 상태로 책상 위를 정리해둔다.

책상 면을 넓게 유지하는 정리 요령

미처리건을 왼쪽,
진행 중인 것은 가운데,
종료된 것을 오른쪽으로
이동시킨다

서류는 쌓아두는 것
보다 세워 놓는 것이
장소를 덜 차지한다

1개의 클리어 파일에는
1종류의 관련
서류만 넣는다

미처리 박스

가득 차 있으면 스트레스를 받게 되므로 빨리 해치운다. 급한 것은 인덱스를 붙이는 등 알아볼 수 있게 표시.

종료 박스

가득 차기 전에 버릴 것과 보관할 것으로 분류하고 보관할 것은 보관 박스에 담아 벽장 등에 넣는다

보관 박스로 이동 후, 1년 이상 쓰지 않았던 자료는 앞으로 99% 쓰지 않기 때문에 버려도 OK
망설여진다면 스캔해서 데이터로 보관하세요

진행 중인 박스

하다가 만 것은 책상 서랍에 넣었다가 꺼내서 정리한다

문구류는 필요한 물건만 구입한 다음, 서랍에 넣어 둔다

31

의외로 어려운 가방 선택과 정리 요령

용도별로 하나씩만 있으면 충분
많으면 공간을 압박합니다

가방 선택은 실패에서 배우는 것

당연한 말이지만 가방은 외출할 때 들고 다니는 것입니다. 밖에서의 나의 이미지를 보여주는 것이기 때문에 가방을 취미로 모으는 사람도 많습니다. 단 '나에게 좋은 가방' 을 알아보기 힘들다는 것이 문제. 원하는 사항이 까다로운 것에 비해 이를 완벽하게 실현해주는 가방은 거의 없습니다.

옷과 달리 가방은 실제로 사용해 보지 않으면 알 수 없는 물건입니다. 생각보다 무겁다, 안주머니 크기가 작다 등, 구입 후에 예상과는 달라서 다른 것을 구입하고 싶어진다. 이렇게 실패하면서 배우는 것이 가방인 것입니다. 그러므로 고가의 가방을 사고 싶다면 실패를 몇 번 정도 경험한 후, 원하는 것이 어떤 것인지 확실하게 파악하여 구입하기를 권합니다.

사실 가방은 많이 필요하지 않습니다. 업무용, 장보기용, 운동용, 휴일용 등 자신의 행선지 별로 있으면 충분. 장보기용과 휴일용 등 겸용으로 쓰는 것도 가능합니다.

가방의 수납 요령은 전용 장소를 만들지 않는 것. 예를 들어 운동용이라면 옷과 수건이 있는 곳에 함께 두는 등 용도별로 수납하면 쓰기 편합니다.

또 가방은 소재에 따라서 수명이 달라집니다. 합성피혁 등의 비닐 제품은 2년 정도 지나면 갈라지는 등 상태가 나빠지므로 그 시점에서 새로운 가방의 구입을 검토합니다.

가방 속 정리는 부지런히

가방 속 내용물은 하루에 한 번 모두 꺼내서 체크하는 것이 이상적. 백인백에 지갑이나 안경처럼 어디에 가든지 필요한 것을 넣어두면 가방을 바꿔 드는 것이 간단합니다.

지갑도 하루에 한 번은 정리하는 것이 좋습니다. 영수증을 꺼내 그 날의 지출을 살펴보면서 다음날을 준비하세요. 다양한 멤버십 카드는 사용하는 것만 가지고 다니세요. 바쁠 땐 점심 휴식시간을 이용해서 내용물을 체크했더니 퇴근길에 필요없는 물건을 사는 일이 줄었습니다.

여성의 경우, 화장품 파우치 정리도 정기적으로 하는 것이 좋습니다. 파우치는 더러워지기 쉽기 때문에 가끔 세탁합니다. 기분 전환을 위해 구입한다면 가방보다는 파우치를 추천합니다.

POINT

용도별로 가방을 정해두면 수납과 외출 준비가 편해지고
건망증도 줄어든다.

가방은 행선지 수만큼 있으면 충분

32

귀중품·중요품은 사진으로 찍어서 관리한다

귀중품은 리스트화해서
가족과 공유하세요

귀중품·중요품을 한데 모아서 사진으로 찍는다

어느 정도 방이 정리되었으면 161쪽의 리스트를 참고로 귀중품·중요품을 한 상자에 모아 노트와 수첩, PC, 스마트폰에 리스트화시킵니다.

통장과 카드 등 중요한 물건은 사진으로 찍어두면 편하게 정리할 수 있습니다. 예를 들어 통장 등을 죽 나열해 놓고 사진을 찍으면 계좌번호까지 기록됩니다.

이것을 프린트한 후 옆에 잔고를 써넣으면 훌륭한 엔딩노트 자료가 됩니다. 사진을 찍기 위해 올려놓다 보면 안 쓰는 카드나 통장이 나오기 마련인데 그것들은 해지하면 됩니다. 찍은 사진을 출력해서 방재 배낭에 넣어두면 안심입니다. PC와 SNS 비밀번호도 마찬가지입니다. 리스트화하면서 불필요한 서비스는 해지하여 관리해야 할 것들을 줄여나가세요.

자주 쓰는 물건·보관해둘 물건으로 나눈다

귀중품류의 리스트화가 끝났으면 자주 쓰는 귀중품과 사용하지 않지만 보관해야 할 귀중품으로 나눕니다. 자주 쓰는 귀중품의 대표격은 지금 사용하는 통장입니다.

이월이 끝난 헌 통장의 경우엔 세금 관련해서 거래내역이 필요할 수 있습니다. 필요한 사람은 보관해두는 것이 안심입니다.

집 등기권리증처럼 중요하지만 사용하지 않는 것은 은행이나 주택건설사의 봉투 등에 넣은 채로 몇 년간 열어보지 않는 케이스도 있습니다. 오랜만에 정리할 경우에는 반드시 봉투의 내용물을 확인하세요.

저는 대출 명세서를 등기권리증이라고 생각하고 있다가 집을 팔기 직전에 야단법석이 난 적이 있습니다. 집에 관련된 것은 함께 보관해두는 것이 편리합니다. 필요할 때는 대개 세트로 필요하기 때문입니다.

자동차, 골프나 리조트 회원권 등도 마찬가지입니다. 유명작가의 찻잔이나 보석 등은 현물과 함께 감정서와 케이스도 소중하게 보관합니다.

보관 장소는 가족끼리 공유하되 도둑이 3분 이상 찾아도 쉽게 발견할 수 없을 만한 장소가 이상적입니다. 다만 비상시 바로 꺼내지 못하면 의미가 없습니다.

혼자 사는 사람도 다치거나 병에 걸렸을 때를 대비해서 가족들에게 보관 장소를 전달해둡니다.

POINT

귀중품·중요품을 한데 모아서 리스트화하고
가족과 공유해두면 만일의 경우에도 안심.

귀중품 · 중요품 관리법

귀중품 · 중요품을 한 상자에 모은다

▼

노트와 수첩, PC, 스마트폰에 리스트화
(통장·카드 등은 사진으로 찍은 다음 출력한 것도 OK)

▼

리스트화할 귀중품 · 중요품류

- □ 예적금(잔고 메모)
- □ 인감
- □ 생명보험 손해보험(계약내용도)
- □ 국민연금 기록·개인연금 명칭·연금 수첩
- □ 건강보험증
- □ 운전면허증 번호
- □ 여권 번호
- □ 주민등록번호
- □ 부동산 정보
- □ 유가증권
- □ 그 외 금융자산(선물거래, 해외자산, 외화예금 인터넷뱅킹 등)
- □ 귀중품(귀금속 골동품 그림 등)
- □ 전기·가스·수도요금 계약상황(자동이체 계좌, 지불방법도 확인)
- □ 대여금·렌탈창고·신용카드·상조회·휴대전화·인터넷 SNS(비밀번호 아이디)
- □ 숍 등의 유료회원 정보
- □ 차입금·보증책무(잔고)
- □ 그 외 (건강정보, 투약 수첩과 통원 정보 등)

▼

자주 쓰는 귀중품과 사용하지 않는 귀중품으로 나눈다

▼

보관한다

장소를 가족과 공유

도둑이 3분 이내에 찾을 수 없는 장소로 정한다

쓰지 않는 통장과 신용카드, 포인트 카드 SNS 계정은 해지하세요.

33

부모님 집 정리는 효도 + 상속대책

갑자기 닥치는 '부모님의 재산 정리' 문제

저는 부모님 집 정리 어드바이저로 활동하고 있습니다. 부모가 고령이 되면서 집이 지저분해져서 걱정인 자녀 세대와 부모 자신의 생전 정리 상담도 하고 있습니다. 어느 날 갑자기 부모님이나 조부모님의 상태가 안 좋아지면서 방대한 가옥 관리와 간병, 각종 절차가 자식 세대의 어깨를 짓누르게 되어 고민하고 있는 사람이 많습니다.

정리는 최대의 상속 대책, 가능한 빨리 시작하자

'돈 이야기를 하는 것은 민망하다'라고 생각하는 부모

세대지만 아무것도 하지 않아서 부모님 집의 재산 상태를 전혀 모르고 있다면 훗날 당신의 중요한 시간과 노력을 허비하게 됩니다. 부모가 건강하실 때 집을 리폼한다고 가정하고 함께 정리하면서 자연스럽게 돈 이야기를 하는 것이 이상적입니다.

나중에 부모님 집에 '거주한다', '임대한다', '판다'의 어느 쪽을 선택하든지 일단 정리되지 않으면 아무것도 시작할 수 없습니다.

부모님 집의 정리에 너무 이른 시기는 없습니다. 우리 부모님은 평균 수명까지 건강하게 살아계실 거라고 생각하는 사람이 많지만 실제로는 건강 수명과 평균 수명의 차이는 여성은 약 12년, 남성은 약 9년입니다.

지금은 노노개호(노인이 노인을 간병), 그리고 노노정리의 시대입니다. 자신도 함께 나이를 먹고 있기 때문에 의외로 시간이 없는 것입니다. 체력이 떨어지기 전에 쓰지 않는 통장을 정리하고 집 상태 등을 확인해두어야 합니다.

부모님과는 싸우기 쉬워서 돌아가신 후에 '전부 버리면 된다'고 생각하는 사람도 자주 봅니다. 그러나 집 한 채의 모든 가재도구를 처분하면 넓이나 상황, 지역에 따라 다르겠지만 비용과 노력이 상당히 듭니다. 이 비용은 상속인이 전부 부담해야 합니다. 다시 말해서 부모님 집에 남은 짐은 마이너스 재산입니다. 이 비용은 물론 부담을 조금이라도 줄이기 위해서라도 평소에 정리해두는 것이 중요합니다.

무엇보다 부모님이 건강하실 때, 정리 서비스를 받아 쾌적한 생활 공간을 되찾고 부모와 자식이 좋은 시간을 보내는 예도 늘고 있습니다. 부모가 돌아가신 후에 돈을 들이는 것보다 살아계실 때 쓰는 것이 긍정적입니다.

정리는 최대의 상속 대책, 그리고 효도라고 말할 수 있는 것입니다. 사람은 무언가에 실패했던 것보다도 아무것도 하지 않았던 것을 후회하는 존재입니다. 꼭 생각해보세요.

POINT

부모님과 함께 정리하면
부모님의 소중한 물건이 무엇인지 알 수 있게 되어
후회없이 정리할 수 있다.

부모님 집 정리는 일찌감치 하는 것이 중요

부모님이 건강하실 때 부모님 집을 정리하세요

추석 등으로 귀성하여 형제가 모였을 때
나중에 '누가', '살 것인가?', '세를 놓을 것인가?',
'팔 것인가'를 시뮬레이션을 해둔다

부동산 매각에 필요한 주요 서류

- 등기부등본
- 매매계약서
- 중요 사항 설명서
- 토지측량도·경계확인서 (아파트는 불필요)
- 도면과 설계 사양서 등
- 고정자산 세금납부 통지서
- 유지비 등의 서류·아파트 규약 (아파트의 경우에만)
- 대출 잔고 증명서
- 수리 이력 관련 서류
- 화재·지진 보험계약서
- 인감증명서

COLUMN

지나친 마트 쇼핑을 막는 5가지 방법

물건이 늘어나는 큰 원인에 '지나친 쇼핑'이 있습니다. 적절한 양의 물건을 사게 되면 애초에 정리하거나 유지 관리하는 시간도 걸리지 않습니다. 특히 마트에서 많이 사는 것을 막는 방법을 소개합니다.

① 대량 구매를 하지 않는다

식료품과 생활용품을 싸게 사면 이득을 보는 것 같지만 대량 구매하면 관리하는 것이 큰일. 온라인 마켓의 정기구매가 현명한 선택입니다.

② 한 사이즈 작은 것을 산다

소스나 간장 등 개봉 후에 맛이 떨어지는 물건은 관리 시간과 노력을 줄이기 위해서라도 한 사이즈 작은 것을 구입하세요. 더러워지기 전에 다 먹을 수 있기 때문에 청소도 편합니다.

③ 메인 판매대는 대부분 안쪽에 있다

가게 입구에는 손에 잡기 쉬운 상품, 안에는 고기나 생선 등 메인 상품이 있습니다. 마트의 눈속임에 유혹당하지 말고 필요한 물건만 사세요.

④ 가격표의 빨강 글씨에 마음이 동요되지 않는다

가격표의 빨강색 문자는 구매 의욕을 자극하는 색입니다. 주의하세요.

⑤ 사람에게는 '손실 회피'의 심리가 있다는 것을 안다

사람은 이득을 보는 것보다 손해를 싫어합니다. '타임 세일', '지금만', '한정' 등의 말을 들으면 '손해를 보고 싶지 않다'는 생각에 자기도 모르게 손을 뻗기 쉽습니다. 당장 사야 한다고 생각하지 말고 정말 필요한지 냉정하게 생각해서 판단하세요.

제5장

시간과 인간관계로부터 홀가분해진다

TIPS 6
시간과 인간관계로부터 홀가분해진다

자신이 꿈꾸는 인생을 걸어가려면
물건과 마찬가지로 시간과 인간관계도 정리하는 것이 중요.

34

정리 사고 방식으로 시간의 여유를 만든다

워크·라이프·밸런스는 평생의 숙제.
업무와 집안일하는 시간을 효율화해서 생긴
여백의 시간을 충실하게 보내세요.

35

시간 정리로 여백이 있는 하루를 만든다

'하루 종일 늘어져서 보낸다', '아무것도 하지 않는다'도
뇌에 여백을 만드는 중요한 일정
자신이 주도권을 갖고 시간을 보낸다면 후회할 필요는
없습니다.

36

시간 자산을 늘려주는 물건을 산다

쇼핑할 때 망설여진다면 가격보다
시간 척도로 선택하세요.
인생을 여유롭게 만들어줍니다.

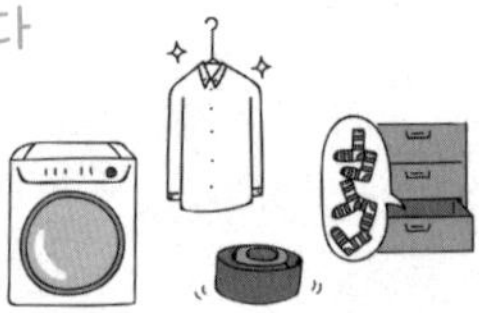

37 업무 고민도 홀가분하게 정리한다

업무 고민은 일 그 자체보다 인간관계 쪽이 많습니다. '문제 초점형'이나 '정동 초점형'으로 나눠서 대처하세요. 뭔가 문제가 일어난 것은 성장의 기회다 - 그렇게 생각하면 인생의 양식이 될 것입니다.

38 친구 관계로 너무 고민하지 않는다

친구는 내가 거리를 조절할 수 있기 때문에 사실은 크게 고민할 필요가 없는 대상입니다. 그런데 고민하고 있다면 자신의 진짜 마음을 깨닫지 못하고 있을 가능성이 있습니다.

39 사실은 가장 어려운 것이 가족과의 관계

가족은 가까운 만큼 커뮤니케이션이 소홀해지기 쉽습니다. 정리를 통해 자연스럽게 대화가 늘어나는 환경을 만들도록 하세요.

34

정리 사고 방식으로 시간의 여유를 만든다

중요도를 기준으로 취사 선택하면
수행 능력이 높아집니다

생산성은 제한에서 생긴다

젊은 시절, 열심히 일하는 것이 사는 보람이었던 제 사고 방식이 바뀐 것은 출산 후 업무에 복귀했을 때입니다. 당시 아이가 다니던 어린이집은 연장 보육 시간이 짧아서 하원 시간을 1분이라도 넘겨서 데리러 가면 싫은 소리를 들었습니다.

한편 회사에서는 육아 휴직 제1호. 당시에는 육아와 일을 양립하는 것이 지금만큼 일반적이지 않았습니다.

그래서 저는 '시간 단축 근무를 해서 죄송하다'라는 마음으로 폐를 끼치지 않으려고 필사적이었습니다. 그런데 그 해, 저는 '회사에 공헌한 직원 랭킹 2위'라는 저 자신도 너무나 의외였던 좋은 성적을 냈습니다. 시간 단축 근무에도 불구하고 풀타임 때와 마찬가지, 아니 그 이상의 성과를 냈던 것입니다.

이 결과는 자랑스럽기는커녕 오히려 침울한 생각마저 들었습니다. 풀타임 근무를 하면서 매일 야근을 했을 때도 개인 시간을 충실하게 보낼 수 있었던 것이 아닐까 하는 생각이 들었기 때문입니다. '나도 모르게 시간을 질질 끌고 있었구나', '좀 더 다른 일도 할 수 있었어, 저것을 할 수 있었어'라고 떠오르는 것은 반성할 점뿐이었습니다.

이 경험으로 깨닫게 된 것은 강제적으로 시간을 짧게 줄이면 집중력을 발휘할 수 있다는 것. 자연스럽게 쓸데없는 작업을 줄이고 중요도가 높은 것을 선택하는 것. 다시 말해서 정리와 같은 사고 방식을 업무에도 적용할 수 있게 되었습니다.

업무도 정리도 여백 만들기를 의식한다

업무에 쓴 시간과 성과는 직결되기 어렵습니다. 업무 시간이 2배가 되면 작업의 질도 2배가 되느냐하면 그렇지는 않습니다.

업무는 시간·비용·질의 밸런스로 정해집니다. 시간과 예산 등의 제한 속에서 최선을 다해 질을 높여야하는 것이 업무입니다.

이것은 집안일도 마찬가지. 정리와 청소에 쓸 수 있는 시간은 정해져 있습니다. 집을 반짝반짝하게 하는 데 열중해서 가족과의 시간이나 자신의 시간을 소홀히 하는 것은 본말전도.

워크·라이프·밸런스는 평생의 숙제입니다. 업무와 집안일하는 시간을 효율화하고 그렇게 생긴 여유 시간을 충실하게 보내는 것도 정리가 아닐까요?

POINT

업무와 집안일을 효율화하여
⇨ 워크·라이프·밸런스를 실현한다.

업무와 집안일에 정리 테크닉을 활용한다

업무	집안일

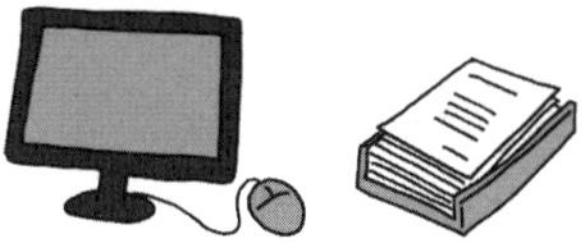

시간과 비용 등 애초에 제한이 있다

자신과 가족과의 시간을 고려해서
정리과 청소에 쓸 시간을 설정

그 제한 내에서 질을 높이는 것을
목표로 한다

그 제한 내에서 정리와 청소를 한다

집중력을 발휘할 수 있다
쓸데없는 작업을 피하고 중요도가 높은 것을 선택한다

워크·라이프·밸런스

35

시간 정리로 여백이 있는 하루를 만든다

시간 분배는 그레이 존(불분명한 중간지대)을 없애는 것이 중요합니다

그레이존은 업무 시간

하루의 시간은 '업무'와 '개인'의 두 가지로 나눌 수 있습니다. 그리고 이 두 가지 중 어디에 넣어야 할지 망설여지는 그레이존이 있습니다. 예를 들면 회식, 회사 워크샵 등입니다. 그레이존 시간이라는 것은 업무 시간에 더해지는 것이라서 마음에 부담을 주는 경우가 많습니다.

생각하기 나름이지만 그레이존을 업무 시간으로 분배하면 마음의 부담이 줄어드는 효과가 있습니다. 회사에서의 교류 이외에도 친척과의 시간, 동네 주민과의 이벤트 등 '하지 않으면 안 되는 것', '시켜서 하는 느낌'이 드는 것은 모두 업무라고 인식해보세요. 사적 시간이라고 생각하면 시간 낭비처럼 생각되지만 일이라고 생각하면 그런대로 짧게 느껴집니다.

전략적 느긋한 시간으로 뇌에 여백을 만든다

개인 시간을 가장 길게 차지하는 것은 수면 시간입니다. 수면을 소중하게 생각하면 깨어있는 시간의 수행 능력도 높아집니다.

이를 위해서 침구를 정리할 것. 베드 메이킹이라고 하면 '귀찮다'고 느껴지겠지만 일어났을 때 이불을 정리하는 것만으로 OK. 옷을 벗었으면 거는 것과 마찬가지로 자연스럽게 할 수 있는 습관으로 만들어보세요. 1분도 걸리지 않습니다.

침대는 방을 차지하는 면적이 넓기 때문에 침대가 정리되어 있으면 방이 정리된 인상을 줍니다. 시트 세탁이나 이불을 햇빛 소독하는 것 등은 사람마다 빈도 차가 있지만 일주일에 한 번은 하는 것이 좋습니다. 햇빛 건조가 가장 이상적이지만 휴일에 악천후가 계속되면 실내에서라도 공기를 통하게 해주세요. 소파 등 커다란 가구에 걸쳐놓기만 해도 됩니다.

수면이나 릴랙스 시간을 전략적으로 확보하는 것이 중요합니다. 휴일에 이불 속에서 별로 보고 싶지 않은 텔레비전 방송이나 SNS를 보다가 하루를 끝내고 후회한 경험은 없는지요.

포인트는 후회하지 않을 것. '하루 종일 늘어져서 보낸다', '아무것도 하지 않는다'도 뇌에 여백을 만드는 중요한 일정으로 잡고 수첩에 그 시간을 적어 넣으세요. 자신이 주도권을 갖고 보낸 시간이라면 설령 생산성이 없었다고 해도 후회할 필요가 없습니다.

POINT

주도권을 잡고 시간을 보냈다면 후회하지 않는다.

시간을 '업무'와 '개인'으로 나눈다

업무 시간

- ▶회사에 있는 시간
- ▶회식
- ▶회사 워크샵
- ▶귀찮은 친척과의 만남

그레이존은 업무로 분류한다!

'시켜서 한다는 느낌'이 드는
시간은 모두
업무 시간이라고
생각한다

개인 시간

- ▶수면 시간
- ▶친구와 논다
- ▶취미 시간
- ▶아무것도 하지 않는 시간 등

'느긋하게 늘어져서 보내는'
시간도 하나의 스케줄로
적어 넣는다.

36

시간 자산을 늘려주는 물건을 산다

시간을 기준으로 고른 물건은
여유로운 인생을 만들어줍니다

가격보다 시간을 기준으로 물건을 산다

한 수강자가 제 강좌에 지각했습니다. 이유는 '양말 한 짝을 못 찾아서'였습니다. 저는 정직하게 이야기해준 것에 감사하며 정리의 첫걸음이 될 대책을 함께 생각했습니다.

이 분에게 우선 제안한 것은 전자동 세탁건조기로 교체하는 것입니다. 마침 세탁기를 바꾸려고 생각 중이었던 수강자. 하지만 예산 초과라서 망설여진다고 했습니다.

저는 전자동 세탁건조기로 바꾼 후, 빨래를 널고 말리는 시간이 줄어 하루에 20분을 얻게 된 경험을 이야기해드렸습니다. 날씨에 관계없이 언제든지 세탁할 수 있는 것도 장점입니다. 그리고 양말은 마음에 드는 것이 있으면 같은 것으로 대량 구매하라고 알려드렸어요.

세탁기에서 건조가 끝난 양말을 꺼내 짝을 맞출 필요없이 서랍에 넣을 수 있습니다. 이렇게 되면 뿔뿔이 흩어져 있어도 상관없습니다. 그 후, 이 분에게서 물건을 찾는 시간이 줄고 지각도 줄었다는 기분 좋은 연락을 받았습니다.

물건을 살 때 망설여진다면 눈앞의 가격보다도 시간을 기준으로 선택하면 시간이라는 자산이 늘어납니다. 바쁜 매일에 여유가 생기는 것입니다.

시간을 절약해주는 물건 고르기

그 외에 형상 기억 가공된 와이셔츠라면 다림질하는 시간이 줄어듭니다. 로봇청소기를 쓰면 우선 청소기가 지나가는 바닥에 아무것도 두지 않게 되고 외출 전에 스위치를 켜두기만 하면 귀가했을 때는 기분 좋은 깨끗한 방이 기다리고 있습니다.

만약 당신이 시급 1만 5천 원을 받고 일하고 있다면 청소기를 돌리는 20분은 5천 원 분의 노동으로 환산할 수 있습니다. 로봇청소기를 사용하면 노동 제공에 더해 20분의 자유 시간을 만들어주므로 5천 원×2가 되어 매일 만 원의 가치를 만들어준다고 생각할 수 있습니다. 한 달에 30만 원 정도이기 때문에 두세 달이 지나면 로봇청소기값은 본전을 뽑는 것입니다.

시간은 소중한 자산입니다. 시간을 소중하게 사용하는 것은 인생을 여유롭게 합니다. 망설여질 때는 시간을 늘려주는 물건으로 고르세요.

POINT

시간을 소중하게 여긴다는 것은
시간을 절약해서 나의 시간을 늘리는 것.

시간 자산을 늘려주는 물건

전자동 세탁건조기

널고 말리는 시간을 절약할 수 있다

마음에 드는 양말을 같은 것으로 대량 구매한다

짝을 맞추는데 신경 쓰지 않고 수납할 수 있다

형상기억 가공된 와이셔츠

다림질하는 시간을 줄일 수 있다

로봇청소기

청소기를 돌리는 시간이 줄어든다

남은 시간으로

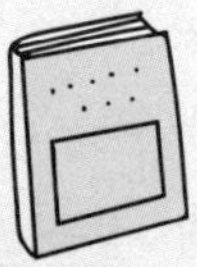

좋아하는 책을 읽는다

요리를 한다

한가롭게 지낸다

인생이 여유로워진다

37

업무 고민도 홀가분하게 정리한다

상대를 바꾸기보다 교제 방법을
바꾸는 것이 효과적입니다

문제 초점형과 정동 초점형 두 가지로 나눠서 대처한다

업무 고민은 일 그 자체보다 인간관계 쪽이 많습니다. 왜 그럴까요? 회사란 각각에게 주어진 역할이 있고 기능을 다하여 이익을 지향하는 집단(기능 집단이라고 합니다). 그런데 가족이나 친척과 마찬가지(공동체 집단)라고 생각하기 때문에 스트레스가 증가하는 것입니다.

자신에게 주어진 역할을 다했다면 기본적으로 OK라고 생각하면 마음이 편해질 것입니다. 심리학자 라자루스에 따르면 업무 고민과 스트레스는 '문제 초점형'과 '정동 초점형'으로 나눠서 대처하는 방법이 있습니다.

문제 초점형이란 스트레스의 근원 그 자체를 해결하는 방법. 갑질을 당했을 때 회사 창구에 상담하거나 '뒤에서 험담하고 푸념만 하는 회식에는 가지 않는다' 등으로 거리를 두는 것도 문제 초점형입니다.

정동 초점형은 스트레스에 대한 자신의 사고 방식을 바꾸는 방법. 예를 들어 반려동물 사진을 보면서 마음을 누그러뜨리는 것.

미리 기분이 좋아지는 방법을 정해놓고 그것을 실행하는 등 '불쾌함을 느끼면 이렇게 한다'라고 정해두면 스트레스 내성은 높아집니다. 생각이 얽혀있을 때는 대처법을 사용해서 스트레스를 줄여보세요.

스트레스의 근원이 되는 타인을 인생의 스승이라고 생각해본다

주의할 점은 갑자기 큰 대처 방법을 선택하지 않는 것입니다. 예를 들면 '직장이 싫으니까 당장 그만두겠다'와 같은 과격한 대처입니다.

가족과 이야기하거나 상담 기관을 이용해보는 것도 좋

습니다. '모든 문제는 성장의 찬스'라고 생각하면 인생의 양식이 될 것입니다.

어떤 경험이 미래로 연결될지 아무도 모릅니다. 생각하는 방법에 따라 누구에게라도 배울 점은 있습니다. 타인을 스승이라고 생각하면 심리적인 거리가 멀어지므로 그것만으로도 스트레스가 줄어드는 효과도 있습니다.

문제에 직면하는 행동이기도 하므로 문제 초점형의 긍정적인 대처를 생각하게 됩니다. 회사도 스킬을 배우는 학교입니다. 제가 정리 어드바이저를 하면서 상속 상담을 할 수 있는 것은 은행원 시절, 융자 상담을 했던 경험 덕분이라고 생각합니다.

POINT

'문제 초점형'과 '정동 초점형' 두 가지 대처법을 알맞게 적용해서 스트레스를 경감시킨다.

고민을 해결하는 두 가지 대처법

문제 초점형 스트레스의 원인 그 자체를 해결하려고 하는 방법

직장 내 부당한 일에 대해서

믿을 수 있는 사람에게 상담한다

동료와의 인간관계로 고민하고 있다

회식 요청을 거절하는 등 거리를 둔다

타인은 모두 스승 = 배워야 할 상대
객관적인 시점으로 보면 심리적인 거리가 멀어져서 편해진다

정동 초점형 스트레스에 대해 자신이 느끼는 방식을 바꾸려고 하는 방법

스트레스를 느꼈다

자신이 좋아하는 것을 하면서
기분 전환

반려동물의 사진을 보고
마음을 누그러뜨린다.

미리 '불쾌함을 느끼면 이렇게 한다'라고
정해두는 것만으로 스트레스 내성이 높아진다

38

친구 관계로 너무 고민하지 않는다

내 마음이 홀가분하지 않으면
친구와 적절한 관계를
맺을 수 없습니다

역할을 떼어내고 사귀는 것이 친구

친구는 회사 동료와 달리 사귀고 싶은 사람과 교제하는 것. 자신이 거리를 조절할 수 있는 관계이기 때문에 기본적으로는 고민할 필요가 없습니다. 그런데 고민하고 있다면 자신의 진정한 마음을 깨닫지 못하고 있을 가능성이 있습니다.

예를 들어 상대에 대한 열등감이나 질투심에는 '상대에게 인정받고 싶다', '좀 더 친해지고 싶다'라는 마음이 숨어 있을 때가 있습니다.

그 마음을 알아차리면 적절한 거리를 갖고 건전한 관계

를 만들 수 있는 것이지요. 불필요한 감정이라는 것을 깨달았다면 버린다, 자신이 잘하는 것에 집중하고 자신감을 갖는다 등 여러 가지 건전한 방법이 있습니다.

'친구'와 '역할로 인해 교제하는 사람'을 머릿속에서 구분하는 것도 중요합니다. 역할로 만나는 대표적인 관계가 아이 친구의 엄마나 회사 동료 등입니다.

그 중에는 친구가 되는 사람도 있지만, 그것은 역할을 떼어내고도 사귀고 싶은 사람이 친구입니다. 무엇보다 역할로 사귀는 사람에게 푸념을 늘어놓는 것은 금기. 예를 들어 회사 사람과 한잔하면서 서로 푸념을 주고받다 보면 결국 누군가의 험담을 하는듯한 내용으로 흘러가기 쉽습니다. 이것은 왜곡된 형태로 당사자에게 전달될 수 있으며 나의 평판에도 영향을 미칩니다.

지친 마음, 힘든 기억에 공감받고 싶어서 푸념하는 것은 이해합니다. 하지만 푸념을 하면서 스스로 짜증도 점점 더 심해질 수 있으므로 누군가에게 이야기할 때는 '보고', '상담'이라는 건설적인 형태를 취하도록 주의하세요.

반대로 푸념을 늘어놓거나 험담하는 상대와 만났을 때

는 함부로 공감을 표시하지 말고 '상담'으로 받아들여 긍정적인 방향을 제시하도록 하세요. 그것이 어렵다면 그 상대와는 거리를 둡니다.

신뢰는 행동으로 드러난다

만약 사람을 불신하게 될 정도의 상처를 받았다면 사람 보는 눈을 기르도록 노력합니다. 나에게 소중한 사람은 말보다도 행동으로 알 수 있습니다. 나에게 힘든 일이 생겼을 때 배려있게 행동하는 사람은 신뢰할 수 있습니다. 상대의 본심은 말이 아닌 행동에서 드러납니다.

POINT

진정한 친구가 누구인지는 나 자신이 가장 잘 알고 있다.

친구는 사귀고 싶은 사람과 교제하면 된다

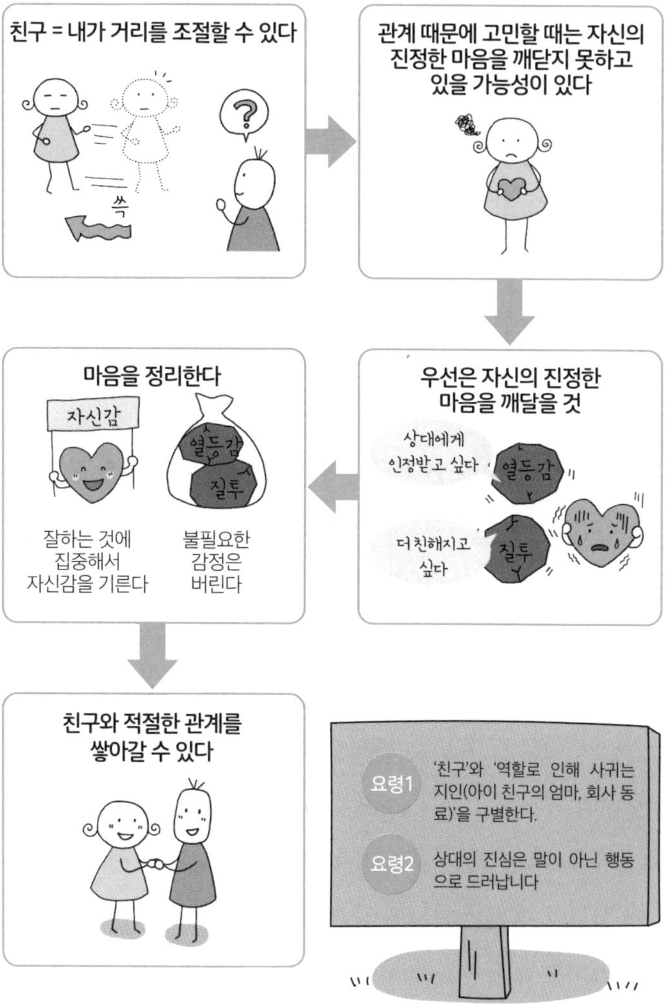

39

사실은 가장 어려운 '가족과의 관계'

정리는 가족 간의
유대감을 키우는데도
도움이 됩니다

환경이 정리되면 커뮤니케이션이 자연스러워진다

인간 관계에서 난이도가 가장 높은 것은 사실 가족입니다. 가족은 소중한 존재이고 가까운 만큼 서로 잘 안다고 생각해서 커뮤니케이션을 소홀히 생각하는 경향이 있습니다. 집을 잘 정리해서 편안한 공간으로 만들어보세요. 자연스럽게 대화할 수 있는 환경으로 다듬어 나가는 것이 중요합니다.

가족과의 거리는 참 어려운 문제입니다. 같이 사는 경우엔 서로의 생활 스타일에 참견하게 되는 것을 고민하고, 따로 떨어져서 사는 경우엔 그것 때문에 죄책감을 느끼기도 합니다. 특히 부모님 연세가 많아질수록 떨어져 사는 것을 안타깝게 생각하는 사람이 많습니다.

정리로 부모님과의 유대감을 확인한다

정리를 계기로 가족과 커뮤니케이션을 시작하세요. 특히 물건을 귀하게 여기는 시대에 태어난 부모 세대는 물건을 버린다는 생각 자체를 하지 못합니다. 추억의 물건은 많고 한편으로 체력이 약해지기 때문에 정리나 청소에 소홀해집니다.

물론 갑작스럽게 부모님 집을 정리하기 시작하면 반감을 살 수 있으므로 과거 자신이 쓰던 방에 있는 물건을 정리하면서 '하는 김에 버린다'라는 자세로 범위를 차차 넓혀가면 어떨까요? 마당의 나무나 화분을 손질해줄 정원사를 알아보는 등 떨어져 있더라도 해 드릴 수 있는 일이 있을 것입니다.

부모님 집을 정리할 때는 다음의 사항을 확인하세요.

- 물건의 전체 양

물건이 많은 집이라면 정리하는데 시간이 걸릴 수 있으므로 부모님이 어느 정도의 물건을 가졌는지를 파악합니다.

- 부모님의 건강 상태

예를 들면 오래된 신문지가 쌓여있다면 무거운 물건을 들 힘이 약해지기 시작했다는 것을 알 수 있습니다. 또 어떤 약을 어느 정도 처방받았는지로 건강 상태를, 약의 보관 상태나 냉장고 안의 음식 등으로 건강 관리에 신경을 쓰시는지 여부를 알 수 있습니다.

- 중요한 물건

정리 · 물건 처리를 할 때는 부모님과 추억을 나누면서 소중한 물건을 가려냅니다.

- 재산 상태와 앞으로의 일 의논

정리 이야기를 하면서 자연스럽게 자금과 간병 관련 이야기로 이어지는 경우도 있습니다.

POINT

정리하면 가족과의 커뮤니케이션이 원활해진다.

부모님 집 정리를 계기로 유대감이 깊어진다

가족과는
커뮤니케이션이
소홀하기 쉽다

부모님 집 정리를
계기로 커뮤니케이션의
장이 열린다

정리하면 생활하기
편한 공간이 된다

자연스럽게 대화가
늘어난다

정리할 때 확인해둘 것

▶ 물건의 전체 양

물건의 양이 정리할 때
필요한 시간의
기준이 된다

▶ 부모님의 건강 상태

오래된 신문이 쌓여있다.
⋯▸ 무거운 물건을 들 힘이 약해져가고 있다

처방받은 약과 양
⋯▸ 신체의 상태를 알 수 있다

약의 보관 상태
⋯▸ 건강 관리에 신경을 쓰는지 여부 체크

▶ 중요한 물건

부모님의 추억
이야기를 들으면서
소중한 물건을
가려낸다

▶ 재산 상태와 앞으로의 생활

자연스런 대화의 흐름 속에서 부모님의 자산과 간병 계획 등을 들어둔다

COLUMN

파트너와의 정리 커뮤니케이션

'어떻게 해야 남편이 정리를 하게 될까'. 정리 강좌에서 반드시 나오는 질문입니다. 남성은 어릴 때부터 조직의 지휘 명령 계통 속에서 보낸 시간이 많은 경향이 있습니다. 평소에는 아내를 동등한 파트너로 생각하고 있는 남성도 막상 정리를 하려고 하면 왜 그런지 파라미드 관계로 생각해버리는 경우도 있습니다. 그렇기 때문에 '재활용 기준으로 분류해서 쓰레기 좀 내놔줄래?', '책상 위를 잘 정리하는 사람이 성공한대'와 같이 '세상의 일반적인 조직에서 이렇게 하고 있으니까'라는 이유를 덧붙이면 쉽게 받아들입니다.

자세하게 설명하는 것도 중요합니다. 남성에게 프라이팬 수납 장소를 전달할 때 '여기에 넣어줘'만으로는 움직이지 않습니다. '가스레인지 가까이에 있으면 꺼내기 쉬우니까 이 서랍 안에 넣어 줘'라고 자세하게 전달하면 잘 통합니다. 저도 외출 전에 남편에게 '세탁기 좀 돌려줘'라고 부탁했더니 세제도 넣지 않고 스위치만 눌러놨던 적이 있었습니다. 게다가 세탁물은 세탁기 안에 그대로 방치된 상태…. 밤늦게 귀가한 저는 한 덩어리가 되어있는 세탁물을 보면서 망연자실했습니다.

'세탁기에 세제를 넣고 세탁기가 멈추면 건조대에 널어 줘. 저녁이 되면 걷어서 잘 갠 다음 옷장에 넣어두면 돼' 등 일련의 흐름을 설명하지 않으면 이해하지 못하는 경우가 많기 때문입니다.

덧붙여 쓴다면 많은 과정을 거쳐 남편은 이제 '빨래 좀 해놔'만으로 미션을 잘 달성합니다. 남성은 본인이 납득한 다음, 일단 몸에 배면 그 일을 계속 잘 해내는 경향이 있습니다. 포기하지 말고 계속 시도하세요. 한편 여성은 '정리는 정말 힘든 일이야'라고 공감해주며 이야기를 들어주기를 바라는 케이스가 많습니다. 남성이 여성에게 이야기할 때는 '방 정리하는 거 힘드니까 청소기는 내가 돌릴게' 등 참가행동형으로 말하면 분위기가 부드러워질 것입니다.

제6장

정리는 곧 자기 계발이다

TIPS 4
정리는 곧 자기 계발이다

정리는 인생과 깊게 연관되어 있습니다.
정리에 의해 스스로 성장할 수 있지요.
자신을 좋아하게 되고
자신답게 살아갈 수 있습니다.

40

정리는 자기 돌봄

공간이 정리되고 시간에 여유가 있으며
좋은 인간관계에 둘러싸여 있으면
부정적인 것에 대해서 여유롭게 대응할 수
있습니다.

41

내가 좋아하는 일을 철저하게 한다

정리란 자신에게 정말 필요한 물건을 선택하여 관리하는 것.
'좋아하는 것'을 철저하게 선택해가면 스스로를
잘 이해하게 되고 나답게 사는 것이 가능해집니다.

42
하고 싶은 것을 마음껏 할 수 있는 공간 만들기

필요한 물건은 라이프 스타일에 따라서 달라집니다.
내 취향도 트렌드도 언제나 변해간다는 것을 염두에 두고 최대한 홀가분하게 살아가세요.
동시에 새로운 물건과 서비스를 받아들이는 유연성을 갖도록 하세요

43
내게 주어진 자원을 갈고 닦는다

100명이 있다면 100가지 정리 방법과 인생이 있습니다.
친구와 가족에 시간을 투자하고, 자신을 돌아봅니다.
좋아하는 일과 재능을 갈고 닦으세요.
정리는 자신이 좋아하는 것, 중요한 것과 만나는 여행.
그리고 자신을 좋아하게 되는 여행이기도 합니다.

40

정리는 자기 돌봄

주변을 정리해서 자기 관리에
강한 사람이 되세요

정리는 자기 관리 = '자기 돌봄'

스스로 자신을 보살피는 것을 자기 돌봄이라고 합니다. 공중 위생이나 정신 건강 분야 등에서 중요하게 다뤄지는 개념입니다. 자기 돌봄의 대표적인 것이 질 좋은 수면과 밸런스가 잘 잡힌 식사입니다. 이것은 타인이 절대 대신 해줄 수 없는 것입니다.

긴급하게 정리 서비스를 의뢰했던 분의 경우를 볼까요? 극단적인 사례지만 침대 위까지 의류 상자가 쌓여있어서 매일 밤 비스듬한 자세로 잔다고 했습니다. 자다가 뒤척거릴 때는 발을 구부려야 해서 충분한 수면 시간을 확보할 수 없는 상태였어요. 또 제1장에서 이야기했듯이 주방이 잘 정리되지 않은 상태라면 외식이 많아지는 원인이 됩니다. 감기에 걸렸을 때, 아무리 건강 드링크나 비싼 감기약을 먹어도 충분한 수면이나 밸런스 잡힌 영양을 섭취하지 않으면 낫지 않습니다. 다시 말해서 자기 자신을 돌보기 위해서는 주변이 정리되어 있어야 한다는 것입니다.

부정적인 일도 극복할 수 있다

업무가 너무 바쁘다 보면 식사나 수면을 소홀히 하게 되고 방도 거기에 비례해서 더러워지기 쉽습니다. 이렇게 되면 스트레스도 쌓이게 되겠지요. 바빠도 집을 정리해서 공간에 여유가 있으면 집에 돌아왔을 때 안정된 마음으로 생활할 수 있기 때문에 스트레스를 완화할 수 있습니다. 또 느긋하게 생활하면 정상 상태로 돌아오는 것도 빠르지요.

185쪽에서 설명한 스트레스 대책도 실천하기 쉬워집니다. 정리는 씩씩하게 살아갈 힘을 길러줍니다. 인생 길을 걷다가 슬픈 일이 생기거나 병에 걸리는 상황에 빠졌을 때, 집이 정리되어 있고 스케줄도 정리되어 있고 좋은 인간관계로 둘러싸여 있다면 여유를 갖고 대응하면서 자기 관리(자기 돌봄)를 잘 할 수 있습니다.

자기 돌봄은 평생동안 스스로 해야 하는 아주 중요한 일입니다. 정리의 스킬을 연마하는 것은 자기 돌봄 능력을 높여줍니다. 정리 스킬은 만일의 경우에도 일상 생활을 순조롭게 영위할 수 있게 해주는 중요한 자산입니다.

POINT

정리로 여유를 갖게 되면 몸도 마음도 건강해진다.

정리 스킬을 연마하여 나 자신을 지키자

내 주변을 정리한다

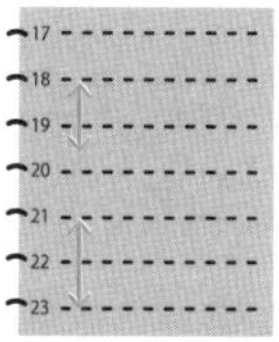

공간 | 시간 | 인간관계

균형있는 식사와 수면을 취한다

생명과 건강을 지키기 위해서 필요한 일

다른 사람이 대신해줄 수 없는 일

좋지 않은 상황에 빠졌을 때도 여유를 갖고 대응할 수 있다

실수가 있었지만,
다행히 도움을 받아서
시간에 맞출 수 있었어

후-

자, 집에 가서
느긋하게 쉬어야지

41

내가 좋아하는 일을 철저하게 한다

자신이 '좋아하는 것'을
선택하는 것이 자기답게
살아가는 토대가 됩니다

정리한다는 것은 나답게 산다는 것

'나답게 산다'는 것은 누구에게나 인생의 영원한 테마입니다. 정리는 마음에 드는 물건과 공간, 인간관계로 자신의 일상생활을 단정하게 만드는 것. 그것을 통해 충실한 시간을 보낼 수 있습니다.

다시 말해 정리하는 것은 나답게 살아가기 위한 것입니다. 충실한 업무도 만족스러운 매일매일의 생활도 '정리'의 연속으로 이루어져 있다고 해도 과언이 아닙니다.

자신이 '좋아하는 것'을 지속적으로 선택하는 것은 본인만 할 수 있는 것

정리의 스킬 = '나에게 정말 필요한 물건을 선택하고 관리하는 능력'을 갖게 되면 타인에게 휘둘리지 않고 물건, 인간관계, 시간을 자신만의 방법으로 다룰 수 있게 됩니다. 자신이 '좋아하는 것'을 지속적으로 선택하는 것은 본인 외에는 할 수 없는 일입니다. 이것을 철저하게 하다 보면 내가 좋아하는 물건과 인간관계, 시간에 둘러싸여서 진정한 자신을 알게 되고 나답게 살 수 있는 것입니다.

지금까지 적당히 타협하며 주변에 휘둘려온 사람, 정리를 하지 않고 살아온 사람이 자신만의 가치관을 가지려면 많은 에너지가 필요합니다.

지금까지의 자신을 바꾸어야 하므로 상당한 고통이 수반될 것입니다. 변화를 싫어하고 되돌아가려고 하는 의식(현상유지 편향)에 휘둘리지 않도록 주의하세요.

뭐든 '좋아하는 것'을 선택해나간다면 크게 후회할 일은 절대 없습니다. 그래도 어렵다면 정리 후에 편안하게 살아갈 자신의 모습을 떠올려보세요. 좋아하는 것들과 사람으로 둘러싸여 시간을 보내는 자신의 모습을 상상하는 것입니다. 앞으로 걸어나갈 힘이 될 것입니다.

의료계에서 일하고 있는 SF 소설을 좋아하는 여성의 이야기를 해드릴게요. '독서가 취미'라고 하면 왠지 지루하게 느껴질까 봐 직장에서는 아무에게도 취미를 털어 놓지 않았다고 합니다. 그러던 중, 책을 읽기만 하는 것이 아니라 언젠가는 나도 소설을 쓰고 싶다는 생각을 하게 되었대요.

저와 함께 집 정리를 진행하던 중, '언젠가가 아니라 지금 쓰기 시작하자'라는 마음이 들었다고 합니다. 그래서 공모전을 목표로 집필을 시작했더니 꿈을 응원해주는 동료와 같은 취미를 갖고 있는 친구가 생겼습니다. 철저하게 자신이 좋아하는 일을 하는 것이 인생을 충실하게 만들어준다는 좋은 예입니다. 인생은 한정되어있는 시간이라는 것을 명심하세요.

POINT

정리는 내 주변을 내가 '좋아하는' 것들로 채워가는 과정

정리로 나답게 산다

정리 스킬 = 나에게 정말 필요한 물건을 선택하고 관리하는 능력

↓

내가 '좋아하는 것'을 고른다

자신이 '좋아하는 것'은 본인만 알 수 있다

좋아하는 OO

좋아하는 옷

좋아하는 신발

좋아하는 친구

좋아하는 OO

좋아하는 OO

↓

물건도 인간관계도 시간도 진정한 자신을 알 수 있다

자신의 방법으로 다룰 수 있게 된다

↓

나답게 살 수 있다

42

하고 싶은 것을 마음껏 할 수 있는 공간 만들기

계속 변화하는 라이프 스타일과
시대에 적응할 수 있는
공간을 만드세요

사람은 변해간다

정리가 어려운 이유 중 하나로 라이프 스타일의 변화를 들 수 있습니다. 건강 상태는 물론 수입과 가족 관계, 모든 것을 같은 상태로 유지하는 것은 어렵습니다. 질병이나 부상이라는 변수가 있습니다.

회사원이라면 회사 사정이나 경기가 어떤지에 따라 수입이 달라집니다. 또는 결혼이나 이혼, 부모님과의 관계 등 가족 구성원의 수와 관계도 세월에 따라 달라집니다.

또 지진과 태풍, 집중호우 등 자연재해라는 변수도 있습니다. 한편 아이들의 수가 줄고 빈집이 늘면서 큰 집이 행복을 상징했던 시절은 지나갔습니다. 사람들의 가치관도 라이프 스타일도 시대에 따라서 달라지는 것입니다. 사람은 늘 변해간다는 것을 염두에 두고 가능한 한 홀가분하게 살아야 합니다.

정리를 통해 그때그때의 라이프 스타일에 따라 사는 곳을 바꿔보거나 새로운 물건이 들어올 여백을 갖고 있다면 좋겠지요. 주변을 정리해두면 한층 가벼운 발걸음으로 더욱 나은 인생을 선택해서 걸어갈 수 있게 됩니다.

변화에 적응한다

정리는 시대의 속도를 따라가는 것도 중요해졌습니다. 식기세척기가 처음 나왔을 때 '사고 싶다'고 가족들에게 이야기했더니 '비싸다, 집안일을 대충하려고 한다'라는 핀잔을 들었던 기억이 납니다.

하지만 식기세척기는 집안일 부담을 크게 줄여줍니다. 지금은 식기세척기를 사서 집안일을 대충하려고 한다는 말을 하는 사람은 거의 없을 것입니다. 스마트폰이 이렇게 보급된 것도 옷과 자전거, 가구를 공유하는 시대가 된 것도

20년 전에는 예상하지 못했던 일입니다. 이러한 기술의 진보에 의한 변화는 앞으로도 더욱 가속화될 것입니다.

앞으로의 정리는 새로운 기술을 사용한 편리한 서비스를 도입하는 유연성과 스피드감이 필수 아닐까요? 늘 최적의 방법을 적용할 수 있도록 공간적 시간적인 여유를 갖기 위해서도 정리해두어야 합니다. 이것은 인생 100세 시대를 살아낼 지혜라고도 말할 수 있을 것입니다.

POINT

홀가분하게 언제든 좋은 쪽으로 이동하기 쉽다면
보다 나은 인생을 살 수 있다.

늘 발걸음을 가볍게 한다

정리가 어려운 이유의 하나는 라이프 스타일의 변화
필요한 물건은 라이프 스타일에 따라 바뀌기 때문
건강 상태
수입
가족 관계

사람은 늘 변해간다는 것을 염두에 두고 가능한 홀가분하게 산다
AI기술과 편리한 신 서비스를 도입하여 유연성과 속도를 확보한다
언제라도 바로 짐을 챙겨서 어디라도 갈 수 있어
잘 부탁해요

43

내게 주어진 자원을 갈고 닦는다

정리를 통해
자신을 좋아하게 됩니다

100명이 있다면 100가지 정리 방법이 있다

사람마다 소유한 물건도, 집 구조도, 가족 구성도, 직업도, 라이프 스타일도 다릅니다. 지금 이 순간에도 나를 둘러싼 환경은 계속해서 변하고 있습니다. 그리고 나 자신도 나이를 먹고 경험을 쌓아가며 계속 변하고 있습니다.

'나도 이런 삶을 살고 싶다'라고 존경하는 롤모델이 있다고 해도 똑같이 살아간다는 것은 불가능합니다. 인테리어 잡지에 실린 집과 똑같은 집으로 만드는 것이 불가능한 것과 마찬가지입니다. 지금 살아가는 시대 속에서 스스로 생각하고 판단해 나가는 것이 중요합니다.

그리고 물건뿐만 아니라 시간을 보내는 법, 인간관계까지 포함해서 언제나 자신에게 무엇이 소중하고 필요한지를 선택해가는 것이 정리입니다. 외형뿐인 수납 기술이 아닙니다.

정리는 자기가 좋아하는 것, 소중한 것을 만나는 여행과 같은 것. 100명이 있다면 100가지의 정리법과 인생이 있는 것입니다.

자신을 사랑으로 성장시킨다

우리가 가진 자원은 가족과 친구가 있겠지요. 그리고 재능 역시 각자의 자원입니다. 정리를 통해 생긴 자신의 시간을 자기가 좋아하는 것이나 소중한 사람과 보내는데 쓸 수 있습니다. 중요한 일에 집중해서 능력을 발휘하려면 자신이 가진 자원을 계속 갈고 닦을 필요가 있습니다.

의외로 사람들은 자신이 가진 자원을 스스로 깨닫지 못합니다. 그래서 스스로를 깊이 돌아볼 여유를 갖거나 마음속에서부터 응원해주는 친구나 가족에게 피드백을 받는 것이 중요합니다. 그렇게 하면서 성장해나가는 것이 행복으로 이어집니다.

자신의 주변을 냉철한 시선으로 보면서 갖고 있는 자원을 찾고 계속 연마하도록 하세요. 정리는 자신의 내면을 닦고 자신을 사랑으로 성장시키는 것이기도 합니다. 정리는 곧 자신을 좋아하게 되는 여행이라고 말할 수 있겠네요. 여러분도 이 여행에 꼭 동참해 보기를 바랍니다.

POINT

정리를 하면 자신을 사랑할 수 있게 되고
내가 좋아하는 것, 소중한 것을 알게 된다.

정리는 자신을 깊이 알게 되는 작업

COLUMN

정리할 시간이 부족하다면 '밤 정리'를 권합니다

'언제 정리하면 좋을까'라는 질문의 답은 그 사람의 라이프 스타일에 따라서 달라집니다. 바빠서 시간이 거의 없는 사람이라면 밤에 정리하는 것을 추천합니다. 아침에 일어나 정리된 식탁과 부엌을 보면 정리했다는 뿌듯함을 느낄 수 있기 때문입니다. 산뜻하게 하루를 시작할 수 있겠지요. 그리고 뇌가 잘 움직이는 오전 중에는 가장 하고 싶은 일을 하는 것이 좋습니다. 바로 일을 시작할 수 있는 상태가 되어있는 것만으로 무엇을 하든지 효율성이 크게 올라갑니다. 저는 야행성 인간이었습니다. 하루종일 일을 질질 끌면서 하는 편이었어요. 잠들기 전에 정리하게 되자 아침 시간이 점점 기분 좋게 변화하더니 아침형 인간으로 바뀌었습니다. 그리고 일도 더 효율적으로 하게 되었어요.

밤 정리 습관화의 장점

- 밤에 쓰레기를 버려두면 아침 출근할 때 여유가 생긴다.
- 샤워 전에 정리하면 먼지를 뒤집어써도 바로 씻을 수 있어 좋다.
- 과자를 먹으며 늘어져서 텔레비전을 보는 시간이 줄어 다이어트가 된다. 집에 오면서 불쑥 단 것을 사는 일도 줄어 절약도 된다.
- 자기 직전에 하던 SNS 체크를 정리와 바닥 걸레질로 바꿨더니 인터넷 노출이 줄고 가볍게 몸을 움직이기 때문에 잠이 잘 온다.
- 외출 전에 정리하려면 빨리 끝내고 나가야 한다는 부담이 되어 나중으로 미루기 쉽다. '귀가 후 바로 한다'라고 정해두면 매일 5분 정도 정리할 수 있다. 짧은 시간을 투자해서 생활하기 편한 집을 유지할 수 있다.
- 자기 전에 정리를 끝내면 그날 하루를 되돌아보면서 기분 좋게 잠자리에 들 수 있다. 다음날 계획도 생각해둘 수 있다.
- 저녁에 부모가 정리하는 모습을 보면 식탁 행주질이나 쓰레기 한곳에 모으기 등 아이들도 자연스럽게 집 정리를 돕게 된다.

부록

- ▸ 정리&청소 테크닉
- ▸ 버리기 쉬운 물건부터 처분하자
- ▸ 대형쓰레기 버리는 법
- ▸ 정리 수납 서비스 의뢰하는 법

무거운 유선 청소기를 사용하고 있다

코드를 꽂는 게 귀찮아서 청소를 잘 안하게 된다

가벼운 무선청소기를 사용하고 있다

더러워졌을 때 바로 청소기를 밀 수 있다

신발 구입 시 디자인을 중시한다

발이 아픈 신발은 금방 안 신게 된다

신발을 살 때는 신었을 때 편한지를 가장 중요하게 생각한다

걷기 편한 신발이 최고입니다

청소 도구가 청소기뿐이다

약간 신경 쓰이는 수준이라면
청소하지 않는다

빗자루와 쓰레받기가 있다

간단한 청소는 바로 할 수 있다
정전이 되는 등 비상 상황에서도
청소할 수 있다

창 가까이 물건이 놓여있다

창문을 열기 힘드니까
방 청소를 하지 않게 된다

창 근처에는 물건을 두지 않는다

창을 열고 환기시키면서
청소한다

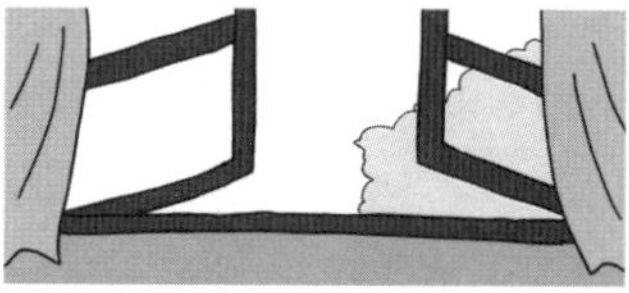

NG → OK

옷을 겹쳐서 수납하고 있다

밑에 무엇이 있는지 안 보이면
잊어버리고 같은 물건을 사게 된다

세우는 수납을 하고 있다

내용물이 잘 보이고 수납 장소를
많이 차지하지 않는다

NG → OK

갖고 싶은 물건이 생기면 바로 산다

물건이 계속 늘어나기만 하므로
집이 물건으로 넘친다

하나를 사기 전에 2개를 버린다
(2번째는 옷 외에 다른 것을 버려도 괜찮다)

버릴 결단을 하면서 냉정해질 수
있기 때문에 정말 필요한 물건만
사게 된다

기부나 바자회에 보낼 물건을 일단 보관한다

아깝다는 마음으로 가득해서 정리가 빨리 되지 않는다

기부나 바자회에 보낼 물건은 바로 택배로 보내서 처분한다

처분할 마음이 사라지기 전에 택배 등으로 일찌감치 집에서 내보내기 때문에 정리가 잘 된다

세면대에 고형 비누가 있다

녹아서 지저분해지기 쉽다

세면대에 펌프식 핸드숍이 놓여있다

청소하기 좋고 쉽게 더러워지지 않는다

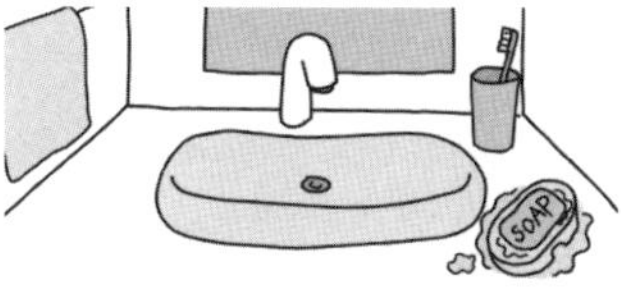

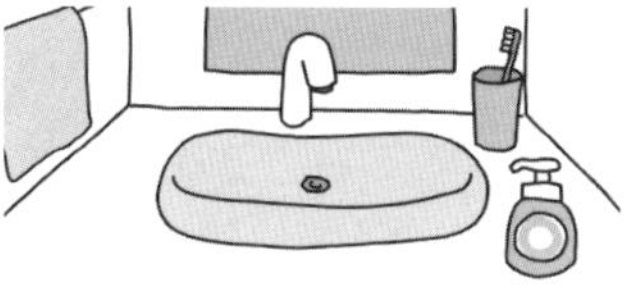

NG → OK

방 입구부터 청소를 시작한다

깨끗해진 곳이 먼지 등으로 다시 지저분해진다

방 안쪽에서 청소를 시작한다

안쪽부터 후퇴하듯이 청소를 하면 깨끗해진 장소를 다시 지나가지 않으니 더러워지지 않는다

NG → OK

식탁이나 바닥을 닦을 때 둥글리며 닦는다

모서리나 끝부분을 남기고 닦게 된다

식탁이나 바닥은 글자를 그리면서 닦는다

모든 면을 닦을 수 있다

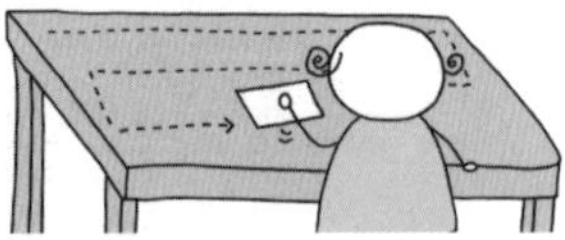

속이 안 보이는 수납용품을 사용한다

무엇이 들어있는지 모르기 때문에
같은 물건을 또 사게 된다

반투명한 수납장이 좋다

내용물이 보이므로
무엇이 들어있는지 알 수 있다

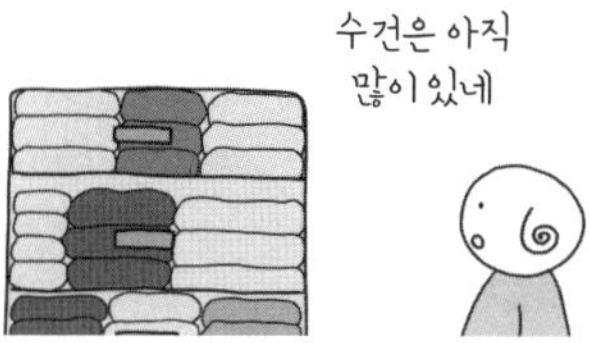

집에 돌아오자마자 텔레비전을 켠다

늘어져서 텔레비전을 보게 되어
집을 정리할 시간이 없다

집에 돌아오면 라디오나 음악 등을 들으면서 집안일을 한 두 가지 한다

집안일이 빨리 끝나서
집을 정리할 시간이 생긴다

NG → OK

창틀을 청소할 때
먼저 물을 뿌린다

물을 뿌리면 묵은 먼지가 움직이기만
할 뿐 깨끗해지지 않는다

창틀 청소는 먼지를 솔로 쓸어내고
청소기로 빨아들인다

청소는 먼지를 솔로 쓸어낸 다음,
청소기로 빨아들인다
솔과 청소기로 묵은 먼지를
제거하는 것이 중요

NG → OK

목욕 후, 욕조 등에
찬물을 뿌린다

곰팡이는 온도보다
습도를 좋아한다

목욕 후, 욕조 등에
뜨거운 물을 뿌린다

수분을 증발시켜 빨리 말리면
곰팡이가 방지된다
마무리로 물기를 닦아주면 더 좋다

**거의 사용하지 않는
무거운 그릇이 앞쪽에 있다**

필요한 그릇을 꺼내기도
정리하기도 힘들다

**잘 쓰는 그릇은
중간 단에 있다**

손이 잘 닿기 때문에 쓰기 편하고
넣기도 편하다

**돗자리 등을 베이킹 소다나
로봇청소기로 청소한다**

변색되는 등 물건이 상한다

**돗자리는 빗자루로 쓸고
꽉 짠 걸레로 닦아낸다**

오래 사용할 수 있다

PC와 텔레비전의 액정 화면을 티슈로 닦는다

티슈는 섬유가 거칠기 때문에
화면에 흠집이 난다

PC나 텔레비전의 액정화면은 부드러운 천으로 닦아낸다

극세사 행주나 전용 물티슈를
사용하면 흠집이 생기지 않는다

방 이곳저곳에 가구가 있다

구석이 늘어나서 먼지가
잘 쌓이게 된다

가구는 최소한만 둔다

구석이 적어 먼지가 앉는 장소도
줄어든다 / 청소를 하기 쉽다

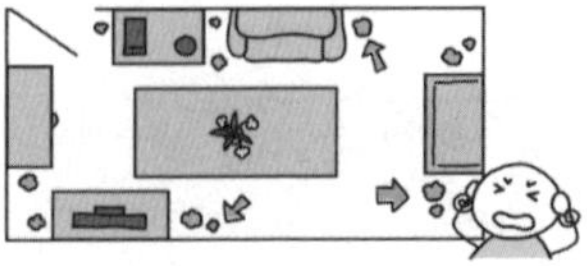

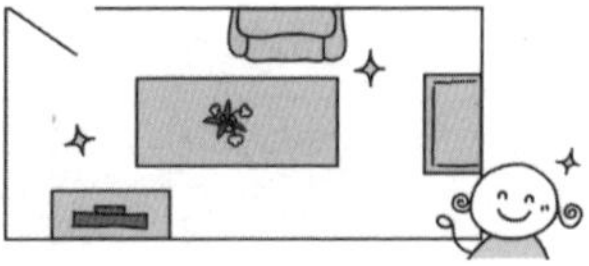

환기할 때는 방 창문과 문을 전부 연다

공기의 빠른 흐름이 만들어지지 않아 환기에 시간이 걸린다

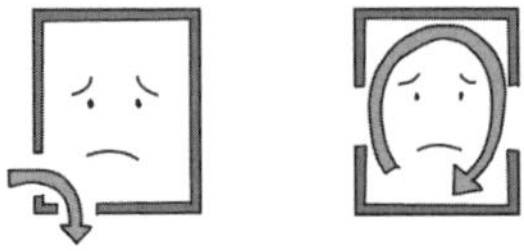

환기할 때 바람 입구가 되는 창은 손바닥 크기 정도만 연다

바람의 입구는 조금 열고 대각선으로 나가는 쪽 문을 크게 열어두면 공기의 흐름이 생겨서 빨리 환기된다.

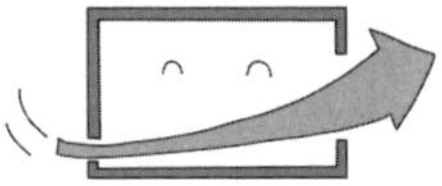

방충제를 의류 케이스 바닥에 놓는다

방충제 성분은 공기보다 무겁기 때문에 성분의 효과는 아래로 퍼진다

방충제를 의류 위에 놓는다

'서랍용·의류케이스용'은 의류 위에 '옷장용'은 중앙에 걸면 좋다

OK

쓰레기통을 동선 상에 놓는다

이동하는 김에 버릴 수 있고
나중에 버리려고 식탁 등에 쓰레기를
쌓아놓지 않는다

OK

화장품 샘플은 받은 그 날 쓴다

피부에 바르는 것은 먹는 것과
마찬가지라고 생각한다.
언제 가게 될지도 모를 여행용으로
남겨놓지 않는다

OK

냉장고에는 아무것도 붙이지 않는다

냉장고 앞면은 넓기 때문에 깔끔하고
주방이 넓어 보인다

OK

페이퍼 타월이나 티슈를 주방에 비치한다

뭔가 끓어 넘쳤을 때 닦고
그냥 버릴 수 있고 깨끗한 주방을
유지할 수 있다

OK

정리된 식탁에 식물을 놓는다

식물로 장식하면 그 주변을
정리하고 싶어져서 깨끗한 상태가
유지하기 쉬워진다

OK

화장실 청소를 할 때마다 화장실용 슬리퍼의 바닥을 닦는다

슬리퍼 바닥은 화장실 청소할 때
잊어버리기 쉬운 곳.
소독용 에탄올로 닦으면 제균 효과도
얻을 수 있어 더 좋다.

OK

베이킹 소다 목욕이나 탄산 목욕을 한다

입욕제 대신 쓸 수 있고 남은 뜨거운 물은
세제로 사용할 수 있어서 일석이조
※피부가 약한 사람은 주의

OK

욕실과 주방의 곰팡이 대책은 구연산 스프레이로

물 200cc에 구연산 1작은 술을 넣어
한번 뿌려주면 물때가
잘 생기지 않는다

OK

주방 작업대 가까이에 냉장고를 놓는다

사용한 조미료 등을
정리하기 쉽다

OK

고무 패킹은 면봉에 에탄올을 뿌려서 닦는다

냉장고 고무 패킹 등은 소독용
에탄올로 청소와 제균을
동시에 할 수 있다

OK

유통기한이 지났거나 요리에 쓰고 남은 밀가루로 기름때를 닦는다

밀가루의 글루텐과 전분 성분이
기름때를 깨끗하게 떼어내 준다

OK

주방 벽은 아래에서 위쪽을 향해 닦는다

기름때는 위에서 아래로 달라붙어 있기
때문에 역방향에서 닦으면
때가 잘 떨어진다

OK

아침 청소는 걸레질한 다음 청소기를 돌린다

사람이 움직이기 전에 걸레질하면
밤새 바닥에 쌓인 먼지를 닦기 쉽다

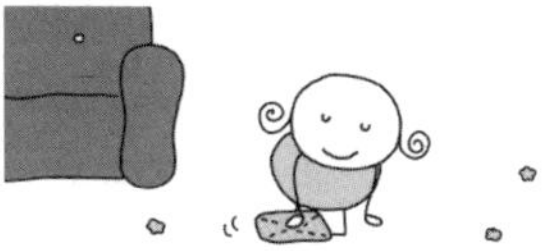

OK

수건의 색과 사이즈를 통일한다

통일하면 깔끔해 보인다 / 둥근 쪽이 앞을
보게 수납하면 더욱 보기 좋다

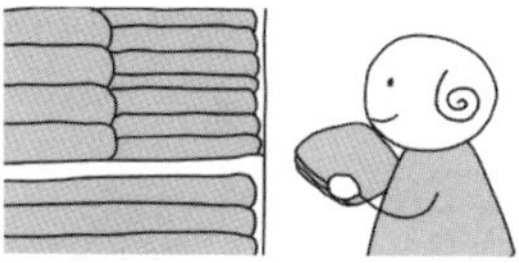

OK

오래 입어 낡은 플리스나 타이즈를 마루 청소에 사용한다

플리스나 타이즈에는 먼지가 잘 흡착된다
자루걸레에 끼워서 쓰면 좋다

OK

틈은 일단 스타킹을 씌운 청소기로 빨아들인다

빈틈에 떨어져 있던 반지 등
작은 물건을 꺼낼 수 있다

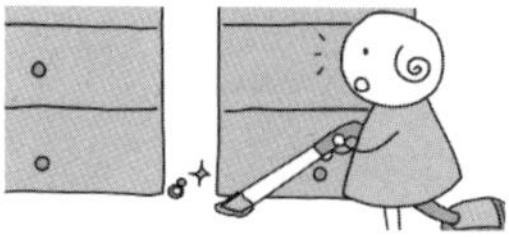

OK

전자레인지 청소는 오래된 수건을 물에 적셔서 돌린다

달라붙어 있던 때가 불기 때문에
수건으로 안을 닦으며 쉽게 청소할 수 있다

OK

북엔드를 반대로 놓고 물병을 수납한다

물병 본체와 뚜껑을 세트로
수납할 수 있다

OK

신발장의 신발은 앞코가 보이게 넣는다

앞코가 보이는 것이 멋스럽다

OK

창문 청소는 날씨가 흐릴 때 하면 좋다

습도가 높아서 청소하기 쉬워진다

OK

선반과 가전을 닦을 때 남은 린스를 쓴다

양동이에 물을 담고 린스를 한두 방울 떨어뜨린 다음 수건을 담갔다가 꽉 짜서 닦으면 정전기가 방지된다.

OK

블라인드 먼지는 헌 양말을 손에 끼우고 닦는다

목장갑보다 넓은 면을 청소할 수 있고 쓰고 그대로 버릴 수 있다

OK

베이킹 소다를 넣은 용기를 신발장에 놓는다

약알칼리성인 베이킹 소다는 체취 등의 산성 냄새를 중화시켜주므로 냄새 제거 효과가 있다.

OK

쓰레기통에 쓰레기봉투를 여러 장 겹쳐서 씌워둔다

쓰레기를 버릴 때마다 쓰레기봉투를 새로 끼워야 하는 수고를 줄인다

버리기 쉬운 물건부터 처분하자

정리가 서툰 사람은 모든 물건을 '전부 중요'하다고 생각해서 간직하려고 합니다. 그럴 땐 버리기 쉬운 물건부터 순서대로 처분하세요. 집 안을 둘러보면서 물건을 점검해 보는 것입니다.

처음에는 조금이라도 망설여지면 임시보관했다가 어느 정도 지나서 결심이 서면 버리는 것이 좋습니다. 버리기 아까운 물건은 재활용센터 등을 활용하세요. 문의했을 때 그 물건의 값어치가 없다는 것을 알게 되면 버리기 쉬워지는 효과도 있습니다. 다음 페이지의 리스트를 참고로 도전해 보세요.

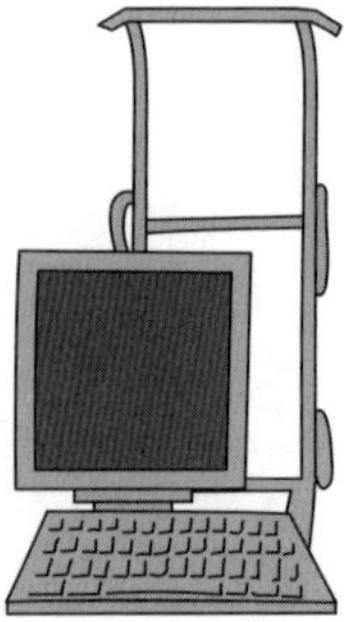

'쉽게 버릴 수 있는 물건 리스트'

- ☐ 2년 이상 사용하지 않은 침구 (낡은 이불 · 모포 · 매트리스 등)
- ☐ 쓰지 않는 카페트·방석
- ☐ 오래된 먹다 남은 약
- ☐ 작년에 썼던 참고서, 노트, 시험지류
- ☐ 망가진 가전제품
- ☐ 쓰지 않는 주방용품
- ☐ 쓰지 않는 건강 기구
- ☐ 쓰지 않는 냉난방 기구
- ☐ 쓰지 않는 재봉틀
- ☐ 쓰지 않는 악기, 스키용품 등 과거의 취미용품
- ☐ 쓰지 않는 가구
- ☐ 구형 워드프로세서·컴퓨터·프린터 (초기화해서 데이터를 지운 후)
- ☐ 기간이 지난 전단지
- ☐ 2개월 이상 이전의 카탈로그
- ☐ 2개월 이상 이전의 잡지 (남긴 것은 책장에 보관. 스마트폰으로 사진을 찍어두거나 스캔해서 PDF 파일로 보관)
- ☐ 유통기한이 지난 식품
- ☐ 유통기한이 다 된 개봉한 식품 (이제 먹을 가능성이 낮은 건어물 등)
- ☐ 쓰다 만 샴푸와 린스, 쓰지 않는 욕실용품 (곰팡이가 생기기 쉽다)
- ☐ 2년 이상 신지 않은 신발
- ☐ 2년 이상 쓰지 않은 슈트케이스 · 여행 가방 · 핸드백류
- ☐ 2년 이상 입지 않은 모피 · 코트 · 재킷류
- ☐ 기간이 지난 방충 스프레이
- ☐ 쓰지 않는 화분
- ☐ 타지 않고 방치된 자전거

대형 쓰레기 버리는 법

대형 쓰레기를 버리는 방법은 지자체에 따라서 다르고 많은 경우는 민원 전화가 가능합니다. 인터넷으로 찾아보거나 전화로 문의해보세요. 전화할 때는 '무엇을', '언제 버리고 싶은지', '크기는 어느 정도인가'를 답할 수 있도록 정리해서 메모해두면 상담이 편해집니다.

크기 등에 따라 요금이 정해져있는 경우가 대부분입니다. 차량을 이용해 직접 가지고 가거나 이사 등의 사정이 있으면 별도로 수거해가기도 합니다. 가구처럼 큰 물건을 자력으로 내놓기 힘들 경우, 도움을 주는 서비스도 있습니다. 아파트나 동네 등에서 독자적으로 규칙을 정해둔 경우도 있습니다. 해당되는지 여부를 담당자에게 확인해보세요.

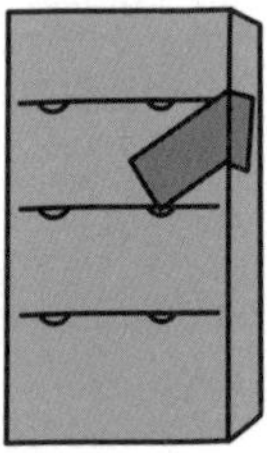

정리 수납 서비스 의뢰하는 법

옷장 또는 주방처럼 구역을 정해서 통상 1~3명이 방문하여 생활의 편리성·사용의 용이성을 상담하면서 의뢰자와 함께 정리를 해 나갑니다. 정리 수납하는 법을 알려주고 청소 방법을 알려주는 곳도 있습니다. 물건을 버리는 데도 도움을 줍니다. 미리 견적을 내 보는 것도 좋습니다.

여성 어드바이저가 많기 때문에 장롱이나 옷장 안의 귀중품이나 옷, 보석류같은 여성물품의 정리를 의뢰하기도 편리합니다. 정리 뿐만 아니라 청소까지 의뢰할 수 있다든지 각 서비스는 업체에 따라서 전문 분야가 있으므로 알아보고 의뢰하거나 샘플 서비스를 부탁해보는 것도 좋습니다.

의뢰 시에는 '무엇을', '누가 어떤 식으로 사용하는가'와 같은 방과 물건의 용도, 희망하는 날짜와 시간을 확실히 전달할 필요가 있습니다.

★ 요금

1명이 2시간에 10만 원, 2명이 3시간에 28만 원 정도로 교통비와 세금 별도가 많습니다. 또 예산의 상한선을 미리 전달하면 가능한 플랜을 알려줍니다. 주말이나 연말 등에는 휴일 요금을 받는 경우가 많습니다. 가능한 성수기를 피하는 것이 좋겠지요. 정기적으로 이용하면 할인을 해 주기도 합니다.

★ 정리 서비스 당일

작업일 당일까지 귀중품과 깨지기 쉬운 물건은 다른 방 등으로 옮겨서 직접 관리하세요.

어떻게 정리하거나 처분할지 고민이 되는 물건에는 메모를 붙여 알아보기 쉽게 해두면 시간의 낭비 없이 수납 방법과 자신에게 맞는 물건 소유법을 배울 수 있습니다. 또 원하는 집의 모습과 후에 사고 싶은 가구 등을 전달해두면 거기에 맞는 정리 방법을 제안해주기도 합니다. 이에 더해서 평소에 사용하고 있는 청소 도구를 준비해두고 청소하는 방법과 어디에 두어야 할지 조언을 구하세요.

끝으로

정리 전문가로 일하면서 가장 기쁜 것은 '집을 정리했더니 기분이 좋아졌다, 일이 늘어났다, 승진했다, 가족과 사이가 좋아졌다'와 같은 이야기를 듣는 것입니다. 저 또한 이 책의 제안을 받았던 것은 책과 업무 관련 자료를 골판지 상자로 15개 정도 처리한 직후였습니다.

믿을 수 없을지도 모르지만 물이 강에서 바다로 흐르는 것처럼 바람이 압력이 낮은 쪽으로 부는 것처럼 운은 여백이 있는 공간으로 끌려갑니다. 일과 육아를 하며 정신없이 살던 시절의 저는 바닥에 흩어진 장난감, 식탁에 쌓인 프린트류로 심하게 정신없는 방에서 생활했습니다.

마지막에는 정리 때문에 고민하면서 산 몇십 권의 책들이 눈사태처럼 쓰러지면서 더 지저분해진 코미디 같은 상황이었습니다.

크게 결심하고 정리를 시작하자, 방이 리셋되어가는 진도에 맞춰 마음에 여유가 생겼습니다. 그리고 그런 경험에서 얻은 노하우를 블로그와 세미나 등에서 전하는 사이에 강사로 일하게 되었어요. 정리의 흐름에 몸을 맡겼더니 지금의 제 자리에 도착한 것입니다. 소중한 것에 집중할 수 있게 해 주는 것이 바로 정리의 효과겠지요.

여성 문제와 사회복지에 관련된 일을 하고 있었을 때, 그리고 현재에도 애인에게 폭력을 당하는 여성의 방, 가족 문제를 안고 있는 사람, 일과 인간관계로 고민하는 사람의 집에 가볼 기회가 있습니다. 그분들은 삶이 힘들어서 집도 정리하지 못하며 지내고 있었습니다.

갖가지 고민을 안고 정리하고 싶어도 정리하지 못해 괴로워하던 분들이 정리의 노하우를 배우면서 '정리 행동'을 하게 되는 것은 무엇보다 기쁜 일입니다. 한사람이라도 많은 사람의 인생이 정리로 인해 좋아졌으면 하는 마음으로 열심히 책을 쓰고 강좌도 열고 있습니다.

마지막으로 출판 기회를 주신 출판사 사장님, 편집을 담당해주신 분들, 정리협회 여러분, 대학원에서 늘 신세를 지고 있는 교수님, 함께 배우는 동료들, 제 강좌를 들어주신 여러분, 지금까지 만난 모든 분들에게 감사합니다. 집을 정리해보세요. 그리고 그 공간에서 당신의 인생이 더없이 빛나기를 바랍니다.

정리 못하는 사람을 위한
정리책

5쇄 펴낸날 2024년 5월 10일

지은이 와타나베 아야
옮긴이 김수정
펴낸이 정원정, 김자영
편집 홍현숙
디자인 이유진

펴낸곳 즐거운상상
주소 서울시 중구 충무로 13 엘크루메트로시티 1811호
전화 02-706-9452
팩스 02-706-9458
전자우편 happydreampub@naver.com
인스타그램 @happywitches
출판등록 2001년 5월 7일
인쇄 천일문화사

ISBN 979-11-5536-162-7 (13590)